HEYNE <

DR. VOLKER KITZ (links) hat mehrere Sachbuch-Bestseller geschrieben. Er hat Jura und Psychologie studiert, danach Erfahrungen in den unterschiedlichsten Jobs gesammelt, u. a. als Wissenschaftler, TV-Journalist, Drehbuchautor und Lobbyist. Heute arbeitet er als Anwalt und Coach in Köln.

DR. MANUEL TUSCH studierte Psychologie und Erwachsenenbildung. Er hat eine psychologische Praxis in Köln, leitet das Institut für Angewandte Psychologie (IfAP) und ist Lehrbeauftragter für Coaching an mehreren Universitäten. Seine Arbeitsschwerpunkte als Business-Coach sind Karriereberatung, Wirtschaftsmediation, Konfliktmanagement, Führungskräfteentwicklung und Change Management.

Das *Frustjobkillerbuch* wurde über Nacht zum Kultbuch aller Jobfrustrierten und ist inzwischen in mehrere Sprachen übersetzt. Mit ihrer »Frustjobkillershow« sind Kitz & Tusch international auf Tournee. Bei Unternehmen sind sie gefragte Redner und Coaches. Termine und Infos unter www.kitz-tusch.com.

VOLKER KITZ
MANUEL TUSCH

DAS FRUST JOB KILLER BUCH

Warum es egal ist,
für wen Sie arbeiten

WILHELM HEYNE VERLAG
MÜNCHEN

MIX
Papier aus verantwortungsvollen Quellen
FSC® C014496

Verlagsgruppe Random House FSC-DEU-0100
Das für dieses Buch verwendete
FSC®-zertifizierte Papier *Holmen Book Cream*
liefert Holmen Paper, Hallstavik, Schweden.

Taschenbucherstausgabe 11/2010
4. Auflage

Der Wilhelm Heyne Verlag, München, ist ein Unternehmen
der Verlagsgruppe Random House GmbH
Umschlaggestaltung: Hauptmann & Kompanie, Zürich
nach einem Entwurf von © R.M.E.,
Roland Eschlbeck und Rosemarie Kreuzer, München
Satz: C. Schaber Datentechnik, Wels
Druck und Bindung: GGP Media GmbH, Pößneck
Printed in Germany 2012

ISBN: 978-3-453-65011-4

www.heyne.de

Und manchmal
können ein paar einfache Einsichten
unser Leben für immer
verändern.

Inhalt

Wenn Ihnen jemand sagen würde …

… es gibt einen Job, den Sie von ganzem Herzen lieben können, der für Sie gemacht ist und der perfekt zu Ihrem Leben passt – würde Ihnen das nicht Hoffnung geben?

Wenn Ihnen jemand versprechen würde, es gibt für Sie einen Job mit genügend Geld, genügend Anerkennung, genügend Sinn und genügend Spaß, bei dem Sie mit dem Chef und Ihren Kolleginnen gut zurechtkommen – würden Sie nicht zuhören?

Wäre es nicht einen Moment Ihres Lebens wert, um den Rest Ihres Lebens zu verändern? All die vielen Tage, Stunden, Minuten und Sekunden, die bei Ihnen noch mit Arbeit gefüllt sein werden und die unwiederbringlich durch die Sanduhr Ihres Lebens rinnen?

Und wenn Ihnen schließlich jemand erklären würde, warum Sie nach diesem Job nicht suchen müssen, ja, gar nicht suchen können; dass Sie all das, was Sie suchen, schon längst haben; dass Sie dafür nur ein paar Tricks kennen müssen, die unser Gehirn sich mit uns erlaubt – könnte das nicht im wahrsten Sinne des Wortes Ihr Leben retten? Vor endloser Enttäuschung, Traurigkeit und Leere?

Wir geben Ihnen dieses Versprechen.

Wir wissen, dass es ein großes, ein ungeheuerliches Versprechen ist. Aber wir wissen auch, dass wir es halten können.

Wir haben am eigenen Leib erfahren, dass ein gutes Arbeitsleben doch möglich ist. Und es erfüllt uns mit großem Glück, dieses Wissen weitergeben zu können.

Zwei Jahre lang haben wir für dieses Buch recherchiert und mit vielen Betroffenen gesprochen. Wir mussten feststellen: Es gibt kaum jemanden, der mit seinem Job wirklich zufrieden ist. Offizielle Statistiken bestätigen das: Mehr als 85 Prozent der arbeitenden Menschen wollen ihren Job wechseln! Die »Un-Arbeitslosen« sind die wahren Frustrierten. Das erklärt, warum die meisten unserer Fallbeispiele von unzufriedenen Menschen handeln. Wir stellen die Situation nicht einseitig dar, sondern bilden sie so ab, wie sie leider derzeit ist. Nur selten haben wir Menschen getroffen, die morgens in der U-Bahn, auf dem Weg zur Arbeit, ein glückliches Strahlen in ihren Augen hatten, die emporragten zwischen all den hängenden Mundwinkeln um sie herum, die den Glanz eines wirklichen Wunders verbreiteten.

Diese Menschen sind den Weg gegangen, den wir in diesem Buch beschreiben.

Wir haben sorgfältig untersucht, was Menschen unzufrieden mit ihrer Arbeit macht.

Wir wissen auch, was *Sie* bedrückt, liebe Leserin, lieber Leser.

Und wir können Ihnen versichern: Es hat nichts, aber auch gar nichts, mit dem Job zu tun, den Sie derzeit haben. Unsere Untersuchungen haben etwas ergeben, das Sie erstaunen mag: Alle Jobs sind gleich. Es ist egal, für wen Sie arbeiten. Wir können nicht dadurch zufrieden werden, dass wir ständig nach etwas anderem suchen. Aber wir können einen Schatz fürs Leben finden, wenn wir ein paar einfache Dinge erkennen – über die Arbeitswelt, über Menschen. Und über uns selbst. Sie selbst sollten sich wichtig genug sein, um sich dafür zu interessieren, wie Sie eigentlich funktionieren. Sie selbst können sich aus eigener Kraft heilen. *Nur* Sie selbst. In dem Job, den Sie haben.

Ist das nicht einen Versuch wert, um Ihr Leben zu retten?

Wenn Sie bis hierher gelesen haben, dann sind Sie die ersten Schritte in Ihr neues Leben bereits gegangen. Gehen Sie nicht zurück. Bleiben Sie neugierig. Und haben Sie Hoffnung. Es gibt allen Grund dazu.

Wir wünschen Ihnen, dass auch Sie Ihr Leben retten!

Wir danken allen, die es uns ermöglicht haben, unsere Botschaft zu Ihnen zu bringen, vielleicht über Umwege, an den Ort, an dem Sie dieses Buch gerade lesen, an dem Ihr Schicksal unsere Lebenswege sich hat kreuzen lassen. Ganz besonders möchten wir hervorheben:

- All die Betroffenen, die mit uns gesprochen und uns ihre Geschichte erzählt haben. Ihre Leben tragen dieses Buch.
- Friedrich Dönhoff, der zur rechten Zeit und am rechten Ort unsere Botschaft in die richtige Richtung lenkte.
- Unsere Agentin Barbara Wenner, die mit kühlem Kopf und weisem Rat das Manuskript genau dorthin brachte, wohin es gehörte.
- Den Verlagen Campus und Heyne, die von der ersten Minute an an unsere Botschaft glaubten – und daran, dass ein paar einfache Erkenntnisse wirklich Leben retten können. Besonders danken wir unseren Lektorinnen Juliane Meyer und Nannette Elke. Sie haben das Manuskript zu ihrer Herzensangelegenheit gemacht. Und wir danken schon jetzt allen anderen fleißigen Köpfen und Händen im Verlag, durch die es noch gehen wird, wenn es unsere Hände nun verlässt.

Köln, im Sommer 2010
Dr. Volker Kitz & Dr. Manuel Tusch

TEIL 1

Innerlich gekündigt – bis dass der Frust euch scheidet

Es ist egal, für wen und wo Sie arbeiten

Es ist egal, für wen und wo Sie arbeiten. Diese Erkenntnis ist so rar wie banal, so kostbar wie schmerzlich, so ernüchternd wie befreiend. Sie steht am Ende einer ruhelosen Suche, eines leidgepflasterten Wegs und einer Gesellschaft voll absurder Erwartungen. Wo und was auch immer Sie beruflich machen – stets sind Sie allein mit Ihren wahren Träumen, mit Ihren unerfüllten Erwartungen und vor allem: mit sich selbst. Kein Arbeitgeber dieser Welt und kein Job, den es gibt, gab oder der noch erfunden wird, kann Ihnen das bieten, was Sie eigentlich suchen, sich eigentlich wünschen. Und niemand außer Ihnen kann das reparieren, was in Ihrem Leben zerbrochen ist.

Sie finden all das nur bei sich selbst. Was auch immer Sie also an Ihrem Job stört, wer auch immer Sie an Ihrem Arbeitsplatz in den Wahnsinn treibt:

Bleiben Sie!

Der Job, den Sie haben, ist vermutlich der beste, den Sie bekommen können.

Diese Ermutigung rufen wir Ihnen aus vollem Herzen zu. Sie mag in Ihren Ohren ungewöhnlich klingen und nicht im Einklang mit Glaubenssätzen stehen, die Ihnen Ihre Eltern, Ihre Ausbilder und all die wohlmeinenden Menschen um Sie herum beigebracht haben. Was Sie auf den folgenden Seiten lesen, deckt sich nicht mit dem, was Karriereratgeber uns einflüstern, was uns über den Weg zum sogenannten »Traumjob« vorgegaukelt wird, was Berufs- und Selbstverwirklichungsberater den Massen seit Dekaden für viel Geld erzählen.

Wir beide, Volker Kitz und Manuel Tusch, haben selber so manchen dunklen Berufsalltag durchgestanden. Und es waren diese dunklen Tage, die uns dazu trieben, dieses Buch zu schreiben. Wir sind selbst lange Zeit umhergeirrt, haben geglaubt, dass auf jeden Topf ein Deckel gehört und auf jeden Menschen der eine perfekte Job wartet – den er nur finden muss, an dem alles passt und mit dem er für den Rest seines Lebens glücklich wird, für den er gemacht und zu dem er »berufen« ist. Dieser Job, glaubten wir damals, ist irgendwo in einem riesigen Labyrinth aus Blindspuren versteckt, in dem längs des Wegs nur suboptimale Vorstufen unseres eigentlichen, noch unentdeckten Traumberufs lauern und uns die Zeit rauben wollen.

Aber das Leben schien diese Vorstufen nicht mehr verlassen zu wollen, und der Schritt in den »Hauptakt«, in dem wir endlich den einen Job haben würden, der so zu uns passt, wie wir uns das erträumten, schien uns verwehrt. Auf der Suche nach diesem einen Job haben wir immer wieder die gleichen Weggefährten und Wegelagerer getroffen: Enttäuschungen, Konflikte, Ärger. Und immer wieder diese Zweifel, diese quälende Unruhe: Wäre es anders nicht besser?

Irgendwann merkten wir, dass wir auf einen Zustand warteten, den es nie geben würde – dass die besten Jahre unseres Lebens vergingen, während wir glaubten, das wäre alles nur Vorgeplänkel. Und wir begannen, die immer wiederkehrenden Konflikte und Enttäuschungen, den Ärger, die Zweifel genauer unter die Lupe zu nehmen.

Wir recherchierten systematisch: Über zwei Jahre lang haben wir mit vielen Menschen gesprochen, die rastlos umherirrten – aus unterschiedlichen Berufsgruppen und Hierarchieebenen. Menschen, die vergeblich ihr Glück im Job suchten, die an ihrem Schreibtisch, in ihrem Nadelstreifenanzug, in den Taschen ihres Blaumanns oder Weißkittels nicht das fanden, wonach sie sich so sehnten, und die auch in ihrem Jeans-und-Sneakers-Kreativen-Outfit nicht das greifen und halten konnten, was ihnen eigentlich fehlte. Die Welt ist voll von ihnen.

Unsere eigenen Erfahrungen haben sich in den Gesprächen massenhaft bestätigt. Es ist verblüffend, wie sehr sich die ähnlichen Grundmuster einer Frustspirale überall wiederholen. Es sind die universellen Probleme des Arbeitslebens und der menschlichen Psyche. Entkommen können wir diesen Problemen nicht; sie gründen tief in uns als Menschen und in den Strukturen des Arbeitslebens. Aber wir können lernen, sie zu beherrschen, anstatt bis zur Rente von ihnen beherrscht zu werden.

Davon handelt dieses Buch. Wir möchten Ihnen Beruhigung und die Gewissheit vermitteln, dass Sie nichts verpassen, wenn Sie dort bleiben, wo Sie sind. Und wir möchten bei Ihnen die begründete Hoffnung wecken, dass ein wenig Besonnenheit die Dinge zum Guten wenden kann.

Proben Sie auch so oft Ihre Kündigung nach dem Lottogewinn?

Montagmorgen. Es ist bereits kurz nach elf, als Sie ohne eine Spur von Hektik die Bürotür aufschließen und mit einem dampfenden Becher in der Hand Ihren Fuß auf den grauen Teppich des langen Büroflurs setzen. Mittelleise summen Sie ein selbst komponiertes Liedchen vor sich hin.

»Guten Morgen!«, ruft Ihnen die Empfangssekretärin zu, wobei sie das Wort »Morgen« auffällig stark betont.

»Warum Morgen?«, fragen Sie milde lächelnd zurück. »Es ist doch fast Mittag. Wissen Sie denn nicht, dass unsere Kernarbeitszeit um neun beginnt?«

»Ja, deswegen meinte ich ja …«, murmelt die Empfangsdame und rückt sich verunsichert die große blaue Brille zurecht, bevor sie Ihre Pyjama-Flanellhose entdeckt und ungläubig mustert.

Um die Ecke kommt mit rot geflecktem Gesicht Ihr Chef gerast. »Herr Weber, dass Sie sich auch schon herbequemen! Wissen Sie denn nicht, dass …«

»… die Kernarbeitszeit um neun beginnt?«, fahren Sie mit unverändertem Lächeln fort. »Natürlich weiß ich das! Ich sagte es ja gerade zu Frau Maier-Blöhmke. Aber gut, dass ich Sie gleich treffe, Chef. Ich wollte mit Ihnen über Zukunftsperspektiven sprechen. Können Sie in einer Viertelstunde in meinem Büro sein?«

»Weber, hier brennt die Hütte. Die Präsentation für den Vorstand muss bis halb eins fertig sein. Und Sie sind zwei Stunden zu spät und im Jogginganzug. Dass Sie keine Gehaltserhöhung kriegen, habe ich Ihnen doch vor zwei Wochen schon gesagt. Sie sind jetzt schon viel zu teuer für uns, ich meine, wenn man Ihre Leistung mal betrachtet. Die muss man ja inzwischen mit dem Mikroskop suchen. Was wollen Sie denn nun schon wieder?«

»In einer Viertelstunde bei mir im Büro!«, wiederholen Sie gut gelaunt, während Sie um die Ecke biegen. »Den Vorstand habe ich bereits per E-Mail informiert.«

»Vorstand?«, hören Sie Ihren Chef noch grübeln. Kurz darauf reißt er Ihre Bürotür auf.

Mit genervtem Blick schauen Sie auf. »Chef, ich habe doch gesagt: in einer Viertelstunde! Sie sind heute wieder wie ein kleines Kind. Ich habe noch wichtige Sachen zu erledigen. Der Vorstand hat noch einige Fragen wegen meiner E-Mail …«

»Weber, was haben Sie mit dem Vorstand zu schaffen? Wissen Sie denn nicht, dass den Mitarbeitern jede Direktkommunikation mit dem Vorstand verboten ist? Das darf alles nur über mich laufen. Und welche E-Mail überhaupt?«

»Na gut Chef, ich will es kurz machen: In meiner E-Mail an den Vorstand, die in Kopie an alle Kunden und Aktionäre sowie an den großen Presseverteiler ging, heißt es …«

Umständlich und mit besorgter Miene ziehen Sie ein Blatt aus dem Drucker und lesen: »Nach Ziehung der Lottozahlen am Samstagabend habe ich einige umfassende Restrukturierungsmaßnahmen in meinem Leben beschlossen. Ein gestiegener Freizeitdruck zwingt mich leider zu einer Straffung meiner Organisation. Ich kann mich einer notwendigen Reduzierung meiner sinnlosen Zeitverschwendung in Deutschland nicht mehr weiter entziehen, wenn ich ein international wettbewerbsfähiges Freizeitniveau erhalten will. Mein Lustvolumen war insbesondere in den Bereichen ›Täglich dämlicher werdende Chef-Sprüche‹ und ›Sinnlose Aufgaben‹ im abgelaufenen Geschäftsquartal stark rückläufig, während die monatlichen Überweisungen aus diesen Bereichen auf meinem Konto nur noch zu geringem Wachstum führten. Wir alle können uns schließlich auch nicht dem Umstand entziehen, dass der technologische Wandel viele aufgeblasene Chefs überflüssig macht. Ich muss Ihnen daher leider mitteilen, dass eine weitere Zusammenarbeit mit Ihnen für mich nicht mehr profitabel genug ist. Ich werde mich in Zukunft ausschließlich auf meinen Standort auf den Seychellen konzentrieren und dort das Kerngeschäft ›Privatvilla‹ ausbauen. Keiner bedauert diese Entscheidung mehr als ich selbst, aber die äußeren Sachzwänge lassen mir keine andere Wahl. Selbstverständlich werde ich darauf hinwirken, dass mein Ausscheiden so sozialverträglich wie möglich gestaltet wird – gern biete ich vorübergehend einen Ersatz aus meinem privaten Hauspersonal an. Ich möchte damit bewusst ein Zeichen dafür setzen, dass wir in diesen schweren Zeiten alle zu einem Verzicht bereit sein sollten …«

Aufwachen! In Wahrheit sitzen Sie in Ihrem Büro und sind wahrscheinlich schon gestört worden, bevor Sie die E-Mail in Ihrem kleinen Tagtraum zu Ende lesen konnten – durch einen rüden Anruf Ihres Chefs. *Er* hat *Sie* zu sich ins Büro beordert, und selbstverständlich sind Sie ihm ohne Widerworte gefolgt.

Dabei tat der Traum so gut! Wie hatte Sie der Chef gerade wieder gedemütigt – im wahren Leben. Nichts hatte er zu schätzen gewusst, meckerte nur an dem Entwurf herum, über dem Sie die letzten drei Tage jeweils bis spät abends gebrütet hatten. Und nun sollen Sie noch einmal alles neu machen, und zwar bis morgen. Da haben Sie erstmal die Bürotür hinter sich geschlossen und wieder diese magische Szene durchgespielt: die Kündigung nach dem Lottogewinn! Es ist der Klassiker, der Blockbuster. Millionenfach leiht ihn sich die arbeitende Bevölkerung jeden Tag aus der imaginären Videothek aus und spielt ihn vor ihren geistigen Augen ab. Mit wechselnder Besetzung – die Hauptrolle, den Held, spielt der Zuschauer immer selbst.

Noch abends auf dem Nachhauseweg sprechen Sie Ihren Text vor sich hin, immer noch erregt von den Ärgernissen der zurückliegenden Stunden. Sie feilen an Worten und Gesten und warten darauf, dass endlich der Tag kommt, an dem Sie finanziell unabhängig sind und dem Chef die Meinung sagen können – und Ihren Kollegen und Kunden und allen, die Ihnen das Leben so schwer machen. Sie warten auf den Tag, an dem Sie abrechnen können.

»Ihre Stellenausschreibung sende ich zu meiner persönlichen Entlastung zurück.«

Doch für die allermeisten von uns kommt dieser Tag nicht, so sehr wir auch darauf hoffen. Ein Großteil der Träumenden spielt gar kein Lotto, und der Rest kommt selten über drei Richtige hinaus. Und weil Sie weiterhin finanziell abhängig sind, ist es dann auch weiterhin Ihr Chef, der Ihnen die Meinung sagt – und nicht umgekehrt.

Der aufgestaute Ärger drückt inzwischen so dramatisch, dass er bizarre Blüten treibt: Die Berliner *Absageagentur* ermöglicht es Menschen, ihren Ärger wenigstens an fremden Unternehmen auszulassen. Sie dreht den Spieß um und verschickt Absagen – an Unternehmen, als Antwort auf Stellenausschreibungen, im Auftrag frustrierter Arbeitsmarktteilnehmer.

»Ich danke für Ihre Stellenausschreibung«, flattert es da namhaften Konzernen ins Haus, abgeschickt von Menschen, mit denen sie zuvor nie zu tun hatten. »Bitte haben Sie Verständnis dafür, dass ich bei der Vielzahl der mir vorliegenden qualifizierten Stellenausschreibungen eine Auswahl treffen musste. Leider muss ich Ihnen mitteilen, dass ich mich dabei nicht für Sie entschieden habe.«

Und leider kann der Absender in der Regel nicht dabei sein, wenn die Gesichtszüge des Personalchefs entgleiten, während er verblüfft weiterliest: »Ich versichere Ihnen, dass meine Entscheidung keine Abwertung Ihrer Person oder Ihres Unternehmens bedeutet, sondern ausschließlich auf meine Auswahlkriterien zurückzuführen ist. Ihre Stellenausschreibung sende ich zu meiner persönlichen Entlastung zurück. Ich bedaure, Ihnen keine günstigere Nachricht geben zu können, und wünsche Ihnen für die Zukunft alles Gute.«

Im Jahre 2004 als »Kunstprojekt mit politischem Touch« gegründet, erfreute sich die *Absageagentur* schnell massenhafter Beliebtheit. Viele Menschen nahmen ihre Dienste in Anspruch. Die Agentur war selbst über den Ernst erstaunt, mit dem die Auftraggeber zu ihr kamen. Sie hatte eine echte Marktlücke getroffen, eine Waffe des kleinen Mannes, der kleinen Frau gegen die große Konzernwelt geschaffen – wenn auch nur in Form von ein paar gut gesetzten Worten. Die Presse im In- und Ausland feierte die Idee. Den »symbolischen Akt gegen die Fetischisierung von Arbeit« nutzten viele Menschen, »um persönlichen Frust über missglückte Bewerbungen und das aktuelle Arbeitsverhältnis« abzulassen. So gaben es die Gründer der *Absageagentur*, Thomas Klauck und Katrin Lehnert, den Zeitungen und Fernsehsendern zu Protokoll.

Wie viel Wut muss sich in einer Gesellschaft aufgestaut haben, die eine solche Idee nicht nur hervorbringt, sondern ihr auch eine so glänzende Karriere beschert? Wie viele persönliche Verletzungen müssen die Menschen erlitten haben, wenn ein als Gag gestarteter Dienst so einen unerwarteten Zulauf findet? Wie viel gekränkter Stolz und wie viele bitter enttäuschte Lebensträume müssen nach einem Ventil gesucht haben?

Die »Un-Arbeitslosen« sind die eigentlichen Frustrierten

Sehr viele, lässt sich vermuten, und harte Zahlen belegen diese Einschätzung: Die Gallup Organization misst jedes Jahr mit dem *Engagement-Index*, wie stark Arbeitnehmer emotional an ihren Arbeitsplatz gebunden sind. Die aktuellsten Ergebnisse aus der Studie 2009 sind ernüchternd: 89 Prozent der deutschen Beschäftigten verspüren überhaupt keine oder nur eine sehr geringe Bindung an ihren Arbeitsplatz.

Fast jeder Vierte hat innerlich gekündigt und arbeitet sogar aktiv gegen die Interessen seines Unternehmens. Die Autorin Susanne Reinker hat in ihrem Buch *Rache am Chef* herausgefunden: Unzufriedenheit im Job endet häufig in einem regelrechten Kleinkrieg zwischen Chef und Mitarbeiter. Da fallen wichtige Unternehmensdokumente auf Nimmerwiedersehen hinter ein verstaubtes Regal – aus Versehen natürlich, wegen einer kleinen Unkonzentriertheit, kein Wunder bei der Arbeitsbelastung. Da wird eine pikante E-Mail an den Staatsanwalt weitergeleitet – und der Chef sitzt schneller in U-Haft, als man zu träumen gewagt hatte. Da erfahren neugierige Journalisten brisante Details aus dem internen Firmenzirkus – von einem Exmitarbeiter, der nicht genannt werden möchte. »Whistleblowing« nennen Arbeitsforscher dieses inzwischen weit verbreitete Phänomen. Und Tausende bessern jeden Tag ihr Gehalt durch »persönliche Gewinnmitnahmen« auf – hier ein Stapel Kopierpapier, dort eine Packung Kaffee, der zu Hause gerade ausgegangen ist. Selbst PCs oder Hi-Fi-Anlagen tragen frustrierte Angestellte heute ohne jedes Schuldbewusstsein aus deutschen Büros – vorbei am Pförtner, der stumm zusieht und bei sich denkt: »Richtig so!« Nur zur Erinnerung noch einmal die Zahl: 23 Prozent aller Beschäftigten arbeiten auf diese Weise aktiv gegen den Chef. Überlegen Sie sich einmal, wie viele das allein in Ihrem Unternehmen sind.

Weitere 66 Prozent sind laut Gallup innerlich nur gering an ihren Arbeitgeber gebunden. Zwar sabotieren diese Mitarbeiter ihren Arbeitgeber nicht aktiv – immerhin, möchte man fast schon sagen. Jedoch schieben sie Dienst nach Vorschrift und warten ansonsten auf Feierabendbier und Ruhestandszigarre. Ihr Guru ist die Volkswirtin Corinne Maier, die mit ihrem Ratgeber *Die Entdeckung der Faulheit* das Kultbuch über die Kunst des Nichtstuns im Büro geschrieben hat. »Wer arbeitet, macht einen Fehler«, ist ihre Überzeugung, die in Buchform zum internationalen Bestseller wurde und massenhaft bekennende Anhänger fand.

Was geht hier vor sich?

Lediglich 11 Prozent aller Arbeitnehmer in Deutschland zählen sich zu einer dritten Gruppe: Sie haben eine hohe emotionale Bindung zum Arbeitgeber. Nur diese Menschen gelten als wirklich produktiv für ihr Unternehmen, und das hat handfeste volkswirtschaftliche Auswirkungen: Beschäftigte in dieser Gruppe haben wesentlich weniger Fehltage. Sie empfehlen ihr

Unternehmen gern als Arbeitgeber weiter und machen Mundpropaganda für die eigenen Produkte und Dienstleistungen. Interne Verbesserungsideen präsentieren sie ihrem Arbeitgeber wesentlich öfter als die Frustrierten – die feilen ja auch die meiste Zeit an ihren Sabotageplänen. Der *Index Gute Arbeit 2009* des Deutschen Gewerkschaftsbunds kommt interessanterweise zum gleichen Prozentanteil für diejenigen, die ihre Arbeitssituation als positiv bezeichnen: magere 12 Prozent. Der große Rest betrachtet sein Arbeitsleben als schlecht bis mittelmäßig.

Andere Untersuchungen liefern nur leicht bessere Zahlen. Der internationale *Kelly Global Work Force Index* meldete stolz: »Rund die Hälfte« der deutschen Beschäftigten sei zufrieden und loyal; Deutschland liege damit nur knapp unter dem internationalen Durchschnitt. Die Presse griff es als Erfolgsmeldung auf. Wie finden Sie das? Bei knapp 40 Millionen Erwerbstätigen in Deutschland bedeutet es, dass etwa 20 Millionen Menschen täglich Dauerfrust im Job schieben.

In welcher Welt leben wir, wenn das eine gute Nachricht ist?

Was für ein Problem braut sich da zusammen, wenn Millionen und Abermillionen Menschen ihren Arbeitsplatz so sehr hassen? Wenn sie nur danach trachten, ihrem Unternehmen zu schaden, ihm jedenfalls nicht zu nutzen? Mit ständigem Blick auf die Uhr darauf warten, den Ort der Qual endlich wieder verlassen zu dürfen? Und sich nachts schweißnass im Kissen wälzen, weil Frust und Wut des Tages auch an der Schlafzimmertür nicht haltmachen? Wo sind wir da hineingerudert, wenn die Depression sich zur eigentlichen Berufskrankheit entwickelt – ganz zu schweigen von körperlichen Leiden, die der Dauerfrust verursacht?

Drei bis fünf Millionen Arbeitslose sind ein Problem, das man nicht unterschätzen kann. Es ist furchtbar, Tag für Tag die Zeit bis zum Abend herumbringen zu müssen ohne das Bewusstsein, gebraucht und gewürdigt zu sein. Zu Recht setzen die unterschiedlichen Bundesregierungen seit vielen Jahren alles daran, die Zahl der Arbeitslosen zu reduzieren. Doch ein viel größeres Problem hat seine Spannungen bisher nur in vereinzelten Aktionen entladen, entwickelt sich aber allmählich zur tickenden Zeitbombe:

Die »Un-Arbeitslosen« sind die eigentlichen Frustrierten!

Ihr riesiges, täglich wachsendes Heer gefährdet Wohlstand und Wohlergehen einer ganzen Nation. Nicht nur als Arbeitsloser kann man sich überflüssig, ungewollt und minderwertig vorkommen. Das geht auch vielen »Un-Arbeitslosen« so – genau wie man sich auch und gerade in einer Partnerschaft einsam fühlen kann.

Dieses Buch ist ein Plädoyer dafür, auch die Probleme ernster zu nehmen, die wir »Un-Arbeitslosen« haben. Vor allem sollten wir *selbst* unsere *eigenen* Probleme ernster nehmen. Viel zu selten forschen wir einmal genauer nach, was wirklich in unserem Leben schiefläuft – und was wir ändern könnten. Dabei kann sich die Masse der frustrierten »Un-Arbeitslosen« aus eigener Kraft heilen!

Wie das geht, schildern wir in diesem Buch.

Lassen Sie uns aber zunächst den Arbeitsalltag untersuchen, wie er heute ist. Nur dann können wir verstehen.

Lesen Sie auch heimlich Stellenanzeigen?

Wissen Sie, wie Sie schnell und sicher all Ihre alten Studienfreunde erreichen können? Ihren gesamten Jahrgang? Ihre ehemaligen Kolleginnen aus anderen Unternehmen? Alle Menschen, mit denen Sie beruflich überhaupt je einmal zu tun hatten?

Nun, eine Möglichkeit ist: Sie schmuggeln sich bei der Weihnachtsansprache des Bundespräsidenten hinter ihm ins Bild und winken von dort in die Kamera. Oder Sie denken sich eine originelle Wette aus und schaffen es zu *Wetten, dass ...?* Beide Sendungen haben so viele Zuschauer, dass sich hinterher wahrscheinlich viele alte Bekannte bei Ihnen melden werden. Doch in beiden Fällen müssten Sie einige Hürden überwinden.

Viel einfacher geht es so: Schalten Sie eine Stellenanzeige für Ihren jetzigen Job! Veröffentlichen Sie die Anzeige in einem halbwegs bekannten Stellenmarktteil einer Zeitung oder in einem populären Internetportal. Sie werden staunen, wer sich mal wieder bei Ihnen meldet.

Als ich, Volker Kitz, einmal ein Unternehmen verließ, wurde meine Stelle unter anderem in einer auflagenstarken Branchenzeitschrift ausgeschrieben. Sie erschien an einem Montag und landete so gegen zehn Uhr auf den ersten Schreibtischen anderer Unternehmen.

Um halb elf klingelte mein Telefon zum ersten Mal an diesem Montagvormittag. Am Apparat war ein Kollege von der Konkurrenz: »Ist das Ihre Stelle, die da ausgeschrieben ist?« Kaum hatte ich das Gespräch beendet, rief eine ehemalige Studienfreundin an: »Das ist ja interessant, was machst du denn in Zukunft?« So ging es weiter, Schlag auf Schlag. »Ist ein Nachfolger schon gefunden?«, »Warum hören Sie denn auf?« Mein Telefon stand nicht mehr still.

Bestand mein Bekanntenkreis ausschließlich aus Arbeitslosen, die notgedrungen routinierte Stellenmarktleser waren? Mitnichten. Alle, die anriefen, standen in Lohn und Brot. Binnen weniger Stunden hatte ich mit mehr Kollegen aus anderen Unternehmen telefoniert als in den gesamten vier Wochen zuvor. Sie hatten gute Jobs, viele davon wesentlich besser bezahlt als mein eigener zu jener Zeit, trugen Verantwortung, hatten interessante Aufgaben und gute Entwicklungsperspektiven. Viele von ihnen machten nach außen einen recht zufriedenen Eindruck – so dachte ich jedenfalls.

Nun war es auch nicht so, dass sich alle auf meine Nachfolge bewerben wollten. Die Anzeige war in der Tat oft nur ein Aufhänger, mal wieder anzurufen und sich aus aktuellem Anlass nach den Zukunftsplänen eines ehemaligen Weggefährten zu erkundigen.

Aber trotzdem: Gelesen haben sie sie alle. Und bei vielen von ihnen war die Reaktionszeit so sensationell kurz, dass das nur einen Schluss zuließ: Der Stellenmarkt wurde ganz gezielt zuerst aufgeschlagen, so wie andere ohne Umwege zum Sportteil einer Zeitung greifen. In den nächsten Tagen und Wochen ging es weiter. Nicht alle riefen sofort an; manche warteten ab und fragten dann bei einem Zusammentreffen eher beiläufig, was es mit der Anzeige auf sich habe.

Warum, glauben Sie, hatten so viele Menschen mit scheinbar guten Jobs so aufmerksam den Stellenmarkt gelesen? Weil sie sonst im Büro nichts mit sich anzufangen wussten? Weil sie Zeit totschlagen wollten? »Die Zeitschrift lag vor mir, und da habe ich sie mal schnell durchgeblättert«, leiteten in der Tat einige ihre Nachfrage ein. Glauben Sie das? Für uns klingt es wenig überzeugend aus dem Mund von Leuten, die sonst über zu hohe Arbeitsbelastung klagen, ihr Pensum kaum noch schaffen und abends ohnehin schon viel zu spät nach Hause kommen. Und selbst wenn man einen Moment Zeit zur freien Verfügung hat – wie naheliegend ist es, dass man sich ausgerechnet mit drögen Anzeigen amüsiert? Sind die Texte im Stellenmarkt so unglaublich unterhaltsam? Wohl kaum – wenn auch hier manche nicht müde wurden, genau dies zu betonen: »Ich finde es einfach witzig, den Stellenteil zu lesen.« Natürlich! Wer zählt die Stellenmarktlektüre nicht zum kulturellen, literarisch anspruchsvollen Highlight? Wenn wir auf einer einsamen Insel wären, auf der keine Bücher, Zeitschriften, kein Internet, Fernsehen und außer uns kein anderer Mensch existierte – nur Stellenmärkte, Stellenmärkte, Stellenmärkte: Dann würden wir diese

Aussage verstehen. Aber unter normalen Umständen müssen wir sagen: Nein, nein, Freunde! Es gibt nur einen einzigen Grund, Stellenanzeigen zu lesen, ob man sich ihn eingesteht oder nicht: Wer liest, der sucht.

Die Suche braucht nicht immer konkret und bewusst zu sein. Es gibt auch die latente Suche, die schleichende Unsicherheit, die Angst, sonst womöglich etwas Besseres zu verpassen. Wer Stellenanzeigen liest, ist mit seinem Job zumindest latent unzufrieden, da gibt es nichts zu deuteln. Oder lesen Sie etwa auch Wohnungsanzeigen zum Zeitvertreib, wenn ein Umzug kein Thema für Sie ist? Und die Mehrheit der Leute, die sich damals bei mir meldeten, nutzte das Gespräch dann tatsächlich auch genau dazu: um sich ihre Unzufriedenheit von der Seele zu reden.

Auch zu dieser Geschichte gibt es wieder passende Zahlen. Die Zeitschrift *Junge Karriere* veröffentlichte folgende Studie der Unternehmensberatung Dr. Dr. Heissmann: Man hatte 1525 Fach- und Führungskräfte befragt, ob sie in absehbarer Zeit ihren Arbeitgeber wechseln wollten. Nur knapp 14 Prozent gaben dabei an: »Sehr zufrieden, momentan kein Gedanke an Wechsel«. Alle anderen – also über 85 Prozent! – gaben zu, offen oder heimlich nach einer neuen Stelle zu suchen. Interessant: In einer Vergleichsstudie glaubten zwei Drittel aller Personalverantwortlichen, ihre Mitarbeiter fühlten sich wohl im Unternehmen. So verschieden können Wahrnehmungen sein.

Und Sie? Wie viele Online-Stellenmärkte haben Sie unter Ihren Favoriten gespeichert? Wie viele Suchprofile und Suchagenten haben Sie eingerichtet? Und wie viele aktuelle Lebensläufe oder Bewerbungsschreiben unvorsichtiger Kollegen haben Sie schon bei sich im Büro entdeckt – am Kopierer, im Papierkorb oder sogar in öffentlichen Ordnern des gemeinsamen Servers? Ist es nicht interessant, wie die Kollegen sich in einer Bewerbung darstellen? Und ist es nicht noch interessanter, wer sich wegzubewerben versucht? Nicht selten sind es diejenigen, von denen man es am wenigsten erwartet hätte, die stets engagiert und meist ganz zufrieden erscheinen, die beim Mittagessen unter Kollegen sogar für den Chef Partei ergreifen und – entgegen aller Kantinenregeln – auch mal ein paar gute Haare am Arbeitgeber lassen. Der Schein trügt, und die Umfragen bestätigen dies: Auf der Suche sind fast alle.

Wie traurig, denken Sie nun vielleicht. Ist denn gar niemand mit seinem Job zufrieden?

Doch die Hoffnung sprießt gerade aus den traurigen Zahlen, denn genau hier liegt der Grundstein der Erkenntnis. Wenn Sie diesen Grundstein gefunden und gelegt haben, können Sie darauf ein zufriedenes Arbeitsleben aufbauen – in dem Job, den Sie haben:

Wenn zig Millionen Menschen allein in unserem Land derart unzufrieden mit ihrer Arbeit sind – glauben Sie ernsthaft, dass alle den falschen Job, die falsche Chefin und die falschen Kollegen haben? Meinen Sie wirklich, wir müssten alle nur einmal »Bäumchen wechsel dich« spielen, einen Platz nach rechts oder links rücken, ein bisschen die Jobs, die Chefs, die Büros und die Kolleginnen tauschen – und dann wäre alles gut? Unsere Jobs sind heute längst keine Berufe für ein Leben mehr. Oft haben Menschen vier, fünf oder noch mehr Lebensabschnittsjobs hinter sich – und in keinem einzigen davon waren sie wirklich zufrieden. Sie kommen vom Regen in die Traufe und geben sich doch immer wieder der trügerischen Hoffnung hin: Beim nächsten Chef wird alles anders! Der nächste Chef kommt und geht, und natürlich werden manche Dinge anders. Aber besser werden sie meist nicht.

Und rastlos suchen wir weiter. Irgendwo muss es doch den Job, den Chef, die Kollegen geben, die uns glücklich machen!

Stellenportale im Internet spucken uns Hunderttausende Jobangebote aus, regional, national, weltweit. Da muss doch etwas dabei sein, das besser zu meinen Fähigkeiten und Neigungen passt, denken Sie. Da muss es doch auch Chefs geben, die mich mehr zu schätzen wissen, die mir mehr Anerkennung und Freiraum geben! Und mehr Geld!

Und wissen Sie was? Vermutlich ist es so. Vermutlich gibt es unter den Millionen Jobs, die weltweit gerade zu besetzen sind, irgendwo einen, der auf Ihre ganz persönlichen Bedürfnisse ein bisschen besser zugeschnitten ist als der, den Sie jetzt haben.

Sie können nun ein paar Jahre durch die Welt tingeln, auf Bewerbungstournee gehen und in verschiedenen Unternehmen Probezeiten absolvieren. Was wirklich anders ist und was nicht, merken wir ja immer erst, wenn wir eine Weile in den Arbeitsalltag eingegliedert waren. Vielleicht können Sie sich am Ende ein wenig verbessern. Aber die Verbesserung, die Sie mit viel Aufwand und einer gehörigen Portion Glück – vielleicht – erreichen, wird nur eine Nuance sein. Sie wird die Investition nicht wert sein – eine Investition, die aus ständiger Suche, Rastlosigkeit und innerer Zerrissenheit besteht.

Im Wesentlichen werden Sie feststellen, dass Sie bei jedem Job und bei jedem Chef immer wieder auf dieselben Grundprobleme treffen – universelle Grundprobleme, die das Arbeitsleben immer und überall mit sich bringt. Diese Hürden und Spannungen sind schlicht untrennbar mit der menschlichen Arbeit und dem menschlichen Zusammensein verbunden. Teilweise sind sie »Errungenschaften« des modernen Arbeitslebens. Auch wenn wir lange darüber nachdenken, was sich zum Guten entwickelt hat und was zum Schlechten, können wir das Rad nicht zurückdrehen.

Nun können Sie resigniert dem Arbeitsmarkt insgesamt den Rücken kehren, wie es manche ganz bewusst tun. Eine Untersuchung in Korea etwa hat ergeben, dass Verbrecher deutlich zufriedener mit ihrem »Job« waren als die Polizisten, die sie jagen und einsperren sollten.

Eine neue Arbeit ist wie ein neues Leben – oder: Plunder gibt es immer wieder

Wenn Sie aber dem Arbeitsmarkt, und zwar dem legalen, erhalten bleiben wollen, können Sie ihn nur so nehmen, wie er nun einmal ist – hier und heute. Legen Sie sich einen nüchternen Blick zu, und Sie werden die Grundprobleme Ihres jetzigen Jobs auch in allen anderen Jobs wiederfinden. Plunder gibt es immer wieder, wie sehr Sie auch vor ihm davonlaufen. Unsere Probleme verkleiden sich manchmal ein bisschen, spielen Verstecken oder Blinde Kuh mit uns. Und wir sind ständig dran mit Suchen.

Wir werden diese Grundprobleme in den folgenden Kapiteln näher untersuchen und ihre Verkleidungen und Spielarten kennen lernen. Wir werden Ihren Blick schärfen, bis Sie die »Verkleidungstricks« der Probleme durchschauen – und bis Sie selbst zu der Einsicht kommen: Es ist egal, für wen ich arbeite.

Wenn Sie einmal erkannt haben, dass Sie nach äußeren Umständen suchen, die es nicht gibt und die Sie sich auch nicht schaffen können, stehen Sie schon an der Schwelle zu einem Heilungsprozess, bei dem wir Sie im zweiten Teil dieses Buches begleiten. Dann können Sie die aufreibende Suche beenden, Ihren Blick nach innen kehren und wirkliche Zufriedenheit erreichen.

Doch zunächst werden wir einige wichtige Erkenntnisse über uns selbst und unsere Arbeit sammeln.

Sie wählen sowieso den falschen Job – gemessen an Ihren Erwartungen

Wieso haben Sie den Job gewählt, den Sie jetzt ausüben?

Es mag für Sie heute nur noch wenig nachvollziehbar sein – aber irgendeinen Grund dafür hat es einmal gegeben. Angelegt war dieser Grund schon in Ihrer Entscheidung für eine bestimmte Lehre, für eine bestimmte Ausbildung oder für ein bestimmtes Studium. Sie haben sich dafür einmal selbst entschieden und bewusst gehandelt: Man kann zwar zwangsexmatrikuliert werden, wenn man seine Semesterbeiträge nicht mehr bezahlt oder andere Dinge anstellt – aber zwangs*im*matrikuliert wird niemand. Ebenso wenig wacht man eines Morgens plötzlich mit einem Ausbildungs- oder Lehrstellenvertrag in der Tasche auf, wenn man ihn nicht unterschrieben hat. Und ein Arbeitsvertrag kommt erst recht nicht von alleine zustande.

»Ach, dabei habe ich mir gar nicht so viel gedacht«, sagen jetzt vielleicht viele. Das mag sein. Vielleicht war Ihre Wahl tatsächlich eine Verlegenheitswahl. Dennoch war es eine *Wahl*; Sie haben gehandelt. Und für jedes menschliche Handeln gibt es einen Grund, ob wir uns in dem Moment etwas dabei denken oder nicht.

Gehen Sie für einen Moment in sich: Welche Gründe waren damals ausschlaggebend für das, was Sie taten? Für die Handlungen und Entscheidungen, die Sie zu Ihrem jetzigen Job führten?

Was ist Ihr Glücklichmacher?

Diese kleine Reise in die Vergangenheit ist sehr wichtig. Nur wenn wir uns daran erinnern, was wir eigentlich wollten, können wir erkunden, was uns fehlt. Wenn Sie nicht masochistisch veranlagt sind, dann wollten Sie damals das Beste für sich, wollten glücklich sein. Sie haben sich deshalb für den Weg entschieden, von dem Sie – bewusst oder unbewusst – glaubten, dass er Sie glücklich machen würde.

Sie haben sich für Ihren persönlichen Glücklichmacher entschieden. Was war das damals für Sie?

Lassen Sie uns die wichtigsten Glücklichmacher untersuchen: Richard Layard ist einer der prominentesten ökonomischen Glücksforscher der Welt. Er hat in einer Studie untersucht, was Menschen glücklich macht. In seinem Buch *Die glückliche Gesellschaft* erläutert er die aufschlussreichen Ergebnisse: Was glauben Sie, nimmt auf einer Skala des Glücksempfindens von 1 bis 10 den höchsten Wert ein? Die Antwort lautet: Sex! Er erreicht eine beachtliche 4,7. Bedauerlicherweise verbringen wir die wenigste Zeit unseres Tages mit Sex, im Durchschnitt 0,2 Stunden, also zwölf Minuten. Es folgen im Ranking: geselliges Beisammensein, Essen, Sport und Fitness – und, mit 2,7 weit abgeschlagen, Arbeit. Dabei widmen wir ihr durchschnittlich 6,9 Stunden pro Tag.

Höchstwahrscheinlich besteht Ihre Arbeit – wie die unsere auch und die der meisten Menschen – in ihrem Kern nicht aus Sex, geselligem Beisammensein, Essen oder Sport und Fitness. Wenn doch, dann jedenfalls nicht in der ungezwungenen, nicht professionellen Form, in der diese Beschäftigungen Gegenstand der Studie waren. Ihr Beweggrund für einen bestimmten Job kommt also von vornherein schon einmal nicht in der Top-Five-Liste der seriösen Glücksforschung vor.

Allein das ist eine bedeutsame Erkenntnis: In den allermeisten Fällen verfolgen wir mit unserer Berufstätigkeit Ziele, die nach heutigem Stand der Forschung zumindest keine Stars unter den Glücklichmachern sind. Und wir wollen mit unserem Job doch so glücklich werden.

Aber jeder Mensch ist anders, und vielleicht weicht die Rangfolge Ihrer ganz persönlichen Glücklichmacher ja von der Hitliste der Masse ab. Schon allein ein Ziel zu erreichen, löst zunächst einmal ein gutes Gefühl aus, unabhängig davon, wie sich dieses Ziel im Rennen um die vorderen Plätze der Glücklichmacher schlägt.

Um das herausfinden zu können, müssen wir uns an unsere ursprünglichen Beweggründe erinnern. Sie aufzuspüren, ist gar nicht so schwierig: Es gibt nämlich nur eine überschaubare Anzahl von Motivgruppen, auf die sich Entscheidungen für eine bestimmte Laufbahn, für einen bestimmten Job gründen.

Schauen wir uns diese Motivgruppen gemeinsam an.

Mein Haus, mein Boot, mein Jahreseinkommen

Wie steht es mit Geld als Motiv?

Winken Sie nicht gleich ab! Sich für einen Job zu entscheiden, weil man dort besonders gute Verdienstmöglichkeiten hat – das ist sehr gut nachvollziehbar. Es ist auch völlig legitim. Allerdings bekennen sich viele Menschen nicht zu einem solchen Motiv, weil sie es nicht für edel halten. Wenn es Ihr Motiv war, ist es aber wichtig, sich dies zu vergegenwärtigen. Niemand wird es erfahren, wenn Sie sich jetzt ehrlich vor sich selbst dazu bekennen – *falls* es Ihr Beweggrund für die Berufswahl war.

Es gibt ja auch durchaus Berufe, in denen man viel, sehr viel Geld verdienen kann. Unter den Spitzenreitern der einigermaßen planbaren Berufe sind seit Jahren: Partner in einer internationalen Rechtsanwaltskanzlei, Unternehmensberater, Führungskraft in einem möglichst großen Unternehmen. Und das sind nur die prominentesten Beispiele. Man kann in diesen und auch in manch anderen Berufen sechs-, gar siebenstellige Jahreseinkommen erzielen. Warum sollte dies nicht eine Rolle bei der Berufswahl spielen? Ein Großteil der Menschen, die solche Tätigkeiten ausüben, haben sich ganz klar wegen der rosigen Gehaltsaussichten für diesen Weg entschieden.

Wenn auch Sie hauptsächlich gutes Geld verdienen wollten, haben auch Sie vielleicht einen dieser Wege eingeschlagen und sind auf ihm konsequent und ehrgeizig vorangegangen.

Was geschah dann? Wenn es gut lief, haben Sie tatsächlich ein ansehnliches Einkommen erreicht. Und das Glück, die Zufriedenheit? Hat sich nicht eingestellt oder sich wieder verabschiedet? Offenbar, sonst würden Sie jetzt nicht dieses Buch lesen. Unter den 85 Prozent derjenigen, die ständige Wechselgedanken plagen, sind auch und gerade Menschen, die ein sechs- oder siebenstelliges Jahreseinkommen haben.

Wie kann das sein? Sie wollten viel Geld verdienen, haben dieses Ziel vielleicht sogar erreicht – und doch freuen Sie sich nicht so recht darüber? Was lief schief?

Diese Frage lässt sich nicht mit der plumpen Feststellung beantworten, Geld mache eben nicht glücklich. Denn so ganz stimmt das nicht. Zwar belegt Geld, wie wir gesehen haben, nicht gerade einen der vordersten Plätze unter den wissenschaftlich nachgewiesenen Glücklichmachern. Unbestritten ist aber, dass die Bezahlung selbstverständlich einen Einfluss darauf hat, wie wir unsere eigene Arbeit und deren Wertschätzung durch andere wahrnehmen. Ein gutes Gehalt kann eine Motivationsspritze sein.

Doch die Wissenschaft hat noch etwas sehr Interessantes herausgefunden: Diese Motivationsspritze wird nicht durch Geld allein aufgefüllt, sondern hauptsächlich durch das Geld, das wir im Vergleich zu anderen *mehr* verdienen. Folgende Versuchsanordnung belegt dies: Man stellt Probanden vor die Wahl zwischen zwei finanziellen Welten. In der einen Welt verdienen sie 60 000 Euro, während das Durchschnittseinkommen bei 30 000 Euro liegt. In der anderen Welt verdienen sie das Zehnfache: 600 000 Euro. Allerdings liegt in dieser Welt das Durchschnittseinkommen bei einer Million. Was glauben Sie: Für welche Welt entscheiden sich die befragten Menschen mehrheitlich? Für den zehnfachen Betrag, der aber unter dem Durchschnitt liegt? Nein. Die meisten Menschen sind bescheiden. Sie würden den niedrigeren Betrag nehmen – ihnen ist es viel wichtiger, dass ihr Einkommen über dem ihrer Mitmenschen liegt, als dass es absolut gesehen besonders hoch ist.

Der Epileptologe Professor Christian Elger und der Ökonom Professor Armin Falk haben, zusammen mit einem Team Bonner Wissenschaftler, diesen Befund sogar neurowissenschaftlich belegt: Sie ließen verschiedene Testpersonen parallel die gleichen Aufgaben an einem Computerarbeitsplatz erledigen – gegen Geld, aber gegen unterschiedlich viel Geld. Sie sagten den Testpersonen jeweils, wie viel ihr Nachbar für seine Arbeit bekam. Dabei beobachteten sie die Durchblutung des Gehirns, und zwar vor allem des sogenannten Belohnungszentrums. Sie fanden heraus, dass das Belohnungszentrum kaum aktiviert wurde, wenn der Nachbar die gleiche Vergütung erhielt – sehr stark hingegen, wenn er deutlich weniger bekam.

Wir vergleichen uns ständig mit den Kolleginnen, Freunden, Verwandten, Nachbarinnen. Nur wenn wir *mehr* verdienen als sie, finden wir, dass wir *viel* verdienen, ganz egal, welche Zielmarken wir vorher hatten, ganz egal, was wir vorher für uns als die Grenze definierten, ab der wir täglich den Champagner öffnen wollten – und könnten. »Keeping up with the Joneses« nennen die Amerikaner diesen Effekt. Den »sozialen Vergleich« haben Forscher schon lange als eine ständige Quelle der Unzufriedenheit ausgemacht, als ein zuverlässiges Mittel, mit dem wir an allen noch so schönen Dingen schnell wieder die Freude verlieren können.

Was bedeutet das für Sie? Angenommen, Sie hatten es sich vor einigen Jahren einmal zum Ziel gesetzt, eine gute Beraterin in einer angesehenen Unternehmensberatung zu werden und dort ein Jahreseinkommen von über 100 000 Euro zu erzielen. Ein erreichbares Ziel, wenn man es richtig angeht. Sie haben also vielleicht Betriebswirtschaftlehre oder Maschinenbau studiert, waren fleißig und sehr erfolgreich. Sie schafften es auch tatsächlich relativ problemlos zu Ihrem Traumjob und schon bald zu Ihrem Traumgehalt. Sie haben erreicht, was Sie wollten. Trotzdem sind Sie unzufrieden, weil Sie schon bald mitbekommen, dass es Kollegen gibt, die noch mehr verdienen. Daher empfinden Sie 100 000 Euro plötzlich nicht mehr als viel, obwohl es absolut gesehen viel Geld ist und einmal die Zielmarke war, die Sie sich selbst gesetzt hatten.

Welche Auswirkungen kann es also haben, wenn Geld das alleinige Motiv für Ihre Berufswahl ist? Nun, da müssen wir nur zwei und zwei zusammenzählen. Wie hoch ist die Wahrscheinlichkeit, dass Sie allein in Ihrem Betrieb mehr verdienen als alle anderen? Es kann in jedem Betrieb höchstens einen einzigen Menschen in einer solchen finanziellen Position geben. Vermutlich, aber nicht zwingend, ist es der Chef. In welchen Betrieb Sie auch kommen werden – die Wahrscheinlichkeit, dass Ihnen die Frustration darüber erspart bleibt, dass andere (noch) mehr verdienen als Sie, geht gegen null. Aber spinnen wir den Gedanken ruhig weiter. Nehmen wir an: Sie sind die Chefin in Ihrem Betrieb und verdienen tatsächlich am meisten. Dann erweitern Sie Ihren Blick auf andere Chefs, auf Ihre Verwandten, auf die Menschen in Ihrer Straße, in Ihrem Ort, in Ihrem Tennisclub. Auf die Prominenten, die Sie aus dem Fernsehen kennen. Wie groß ist die Wahrscheinlichkeit, dass es dort *niemanden* gibt, der – selbst für eine vergleichbare Tätigkeit – noch mehr verdient als Sie? Richtig, das ist ganz und gar unwahrscheinlich. Und im Notfall hilft immer noch ein Blick ins Ausland: Deutsche Akademiker – dieses vermeintliche Vorurteil haben Studien leider bestätigt – verdienen tatsächlich im Durchschnitt deutlich weniger als ihre Kollegen im Ausland.

Dass Ihnen – und uns und allen anderen – das gegen den Strich geht, ist zutiefst menschlich und nachvollziehbar. So funktionieren wir Menschen. Wir können es nicht ändern und brauchen es uns nicht vorzuwerfen. Aber weil das so ist, kommen wir um eine Einsicht eben auch nicht herum: Wenn Geld, egal in welcher Höhe, für uns nur eine Motivationsspritze ist, solange wir mehr verdienen als alle Vergleichspersonen, und wenn dieser Zustand aber nie eintritt, dann kann kein Job der Welt ein Bedürfnis nach Geld befriedigen. Wenn Ihre Erwartung also »genug« Geld ist, dann haben Sie sowieso den falschen Job – und werden ihn immer haben, egal, wie oft Sie wechseln.

Wir werden diese Erkenntnis im zweiten Teil dieses Buches noch einmal aufgreifen. Dort werden wir sehen, wie wir unsere materiellen Bedürfnisse so lenken können, dass eine dauerhafte Befriedigung ernsthaft möglich ist.

Doch zunächst schauen wir uns noch einige andere typische Motive für die Jobwahl an, denn vielleicht haben Sie Ihren Job ja gar nicht wegen des Geldes gewählt! Das ist bei den meisten Jobs sogar sehr wahrscheinlich, denn wer rein ökonomisch denkt, kann bestimmte Wege von vornherein gar nicht einschlagen. Ja, Sie haben richtig gelesen: Es gibt Laufbahnen, deren Gehalt uns nicht nur subjektiv nicht zufrieden macht, sondern die sich – rein finanziell gesehen – auch objektiv schlicht nicht rechnen.

Dieser These liegt Folgendes zugrunde: Die Wissenschaft kann heute die Rendite einer Ausbildung bestimmen. Der Frankfurter Wirtschaftsprofessor Mark Wahrenburg hat Akademikergehälter untersucht und mit dem Verdienstausfall während der Studienzeit verrechnet. Er hat untersucht, um wie viel die nach dem Studium erzielten Gehälter über dem lagen, was Abiturienten ohne Studium bekamen – und daraus dann eine Rendite errechnet. Die Rendite ist also das, was die Investition in das Studium am Ende abwirft. Um lohnenswert zu sein, sollte diese Rendite über 6 Prozent liegen: 4 Prozent Verzinsung und 2 Prozent Risikozuschlag, denn niemand weiß, ob das Studium zum Abschluss und dann auch zum gewünschten Job führt. Eine solch hohe Rendite hat Professor Wahrenburg überhaupt nur für sehr wenige Fächer errechnet: Bei Männern fand er sie für die Fächer Recht / Wirtschaft / Soziales, Medizin, Mathematik / Naturwissenschaften und Ingenieurwissenschaften. Frauen erwirtschaften zusätzlich noch in Sprachen und Kulturwissenschaften eine Rendite von über 6 Prozent. Dann ist bereits Schluss. Alle anderen Studiengänge bringen – rein finanziell gesehen – Verluste.

Wenn sehr viele Menschen sich aber auch für Berufe entscheiden, die nicht in dieser kleinen Liste auftauchen, so bedeutet das: Finanzielle Überlegungen spielen oft eine untergeordnete Rolle bei der Jobwahl.

Schauen wir also, welche Motive es sonst noch so gibt.

Meine Abteilung, meine Sekretärin, meine Visitenkarte

Verwandt mit dem Einkommen als Motiv ist der Status, den eine Tätigkeit vermittelt. Anders als die Gehaltsabrechnung kommen Statussymbole nicht in verschlossenem, durchsichtgeschütztem Umschlag daher. Sie sind für alle präsent, ständig und auffällig, auch für uns selber, die wir den Status unserer Tätigkeit genießen. Wir brauchen nicht erst aufs Konto zu schauen oder den Kreditrahmen unserer Goldkarte auszutesten, um zu wissen: Wir sind tolle Hechte! Jeder kann es von unserer eleganten Visitenkarte ablesen, aus dem satten Motorengeräusch unseres Dienstwagens heraushören. Und auch fühlen, wenn er ehrfurchtsvoll mit dem Finger über die teure Holzplatte des Besprechungstischs in unserem Büro streicht. Der Status hat nicht immer viel damit zu tun, was tatsächlich auf dem Bankkonto zu finden ist. Statussymbole sind also etwas Feines; es ist gut verständlich, dass sie vielen Menschen im Zweifel mehr bedeuten als ein besonders hohes Gehalt.

Und nicht selten gründen wir Berufsentscheidungen dann tatsächlich auf sie. Die Statussymbole waren ja oft auch das Erste, was wir von einem Beruf mitbekommen haben. Als ich, Volker Kitz, noch ein kleiner Junge war, hatte ich keinen Einblick in die Kontoauszüge unseres Arztes. Aber ich merkte, dass ihm die Menschen mit sehr viel Respekt begegneten – wie er da in seinem weißen Kittel stand und der »Herr Doktor« war, dem alle ehrfürchtig lauschten. Ein Halbgott eben. Ich wusste auch nicht, ob der Bankfilialleiter ein Leben in Saus und Braus führte, aber ich sah, dass er immer einen großen Wagen neben dem Eingang parkte. Ich bekam mit, dass seine Mutter, die mit meiner Großtante zur Schule gegangen war, sehr stolz auf ihn war und in Gesprächen oft seine Position hervorhob.

Und als ich als Kind mit meinen Eltern einmal in Frankfurt war und die hohen Bankgebäude sah, die Menschen, die in feinen Anzügen, mit wichtigem Gesichtsausdruck und eilenden Schrittes dort ein- und ausgingen, als ich meinen kleinen Kopf hob und gegen die Sonne blinzelte, hinauf zu den verspiegelten Fenstern in eine andere Welt – da sagte ich zu meinem Vater: »Ich will einmal Bankdirektor werden und auch dort oben sitzen, ganz dort oben.« Noch Jahre später hegte ich diesen Wunsch, und in meiner Vorstellung saß ich in einem schönen Ledersessel an einem großen, teuren Schreibtisch, ganz oben, in einem Eckbüro mit zwei riesigen Fensterfronten und Blick auf den Park, vor mir auf dem Tisch ein Schild mit der Aufschrift »Direktor«. Ständig kamen Menschen herein und wollten von mir eine Unterschrift, weil ich alles zu entscheiden hatte. Was genau ein Bankdirektor den lieben langen Tag macht und ob mir diese Tätigkeit liegen würde – darüber dachte ich nicht nach.

Der naive Traum eines kleinen Jungen? Ja. Aber auch so viel mehr. Die Chefsekretärin hinter dem Pseudonym Katharina Münk beschreibt in ihrem Buch *Und morgen bringe ich ihn um*, wie verliebt selbst Topmanager, die dem Jungenalter schon lange entwachsen sind, mit ihren Statussymbolen umgehen. Beispiel Visitenkarte (»Status auf 9 x 5,5 cm«), deren Korrekturabzug jeder Chef höchstpersönlich und mit größter Sorgfalt prüft: »Es werden ganze Meetings unterbrochen, um in Ruhe und weltvergessen den Finger über die verschiedenen Papierqualitäten und Stahlstich-Schriften der Kärtchen streichen zu lassen. Ein wohliges Hochgefühl und diebische Vorfreude breiten sich aus.« Und sie beschreibt, wie um die Statusbeschreibung auf der Karte gekämpft wird bis aufs Messer, ebenso wie um alle anderen Insignien der Macht, die so manchem »gewöhnlichen« Menschen geradezu lächerlich vorkommen.

Und wer von uns kennt es nicht selbst? Wer hat sich nicht einmal gesagt: So einen Dienstwagen will ich auch fahren! Ich will auch ein großes Büro mit Vorzimmer haben, eine Reihe von Mitarbeitern befehligen, beim Essen ein geschäftig brummendes Blackberry neben mich auf den Tisch legen, selbstverständlich auch eine »Bahncard 100« für die erste Klasse mein Eigen nennen, wenn mich nicht gar mein persönlicher Chauffeur fährt.

Auch das ist zutiefst menschlich. Als Gerhard Schröder am Tor zum Kanzleramt rüttelte und rief, er wolle dort hinein, führte auch der Wunsch nach Status die Regie. Wie lästig und frustrierend dieser Job manchmal sein kann, ging ihm in diesem Moment ganz sicher nicht durch den Kopf.

Warum also nicht den Wunsch nach Status zur Triebfeder machen auf der Suche nach Zufriedenheit im Job?

Lesen Sie die Geschichte einer jungen, erfolgreichen Schriftstellerin, mit der wir bei unseren Recherchen sprachen. Sie war gerade mitten im Karriereaufwind; ihre Werke waren von der Kritik hochgelobt, sie hob sich von der Masse der Unterhaltungsproduzenten positiv ab. Sie war Gast in so manchen Fernsehsendungen und hatte eine sehr erfolgreiche Lesereise gerade zur Hälfte hinter sich gebracht, auf der sie die Leute auf intelligente Weise unterhielt und ihr Eintrittsgeld mehr als wert war. Wenn sie auf der Bühne stand, schien sie voll in ihrem Element zu sein. Sie tat etwas Sinnvolles, denn sie schenkte Menschen Freude, und die Menschen dankten es ihr mit Anerkennung. Dabei verdiente sie gut, war auf dem Markt gefragt. Bekanntheit und Gefragtheit sind auch Statussymbole – und zwar mit die begehrtesten.

Dabei hatte die Schriftstellerin schon sehr viel schwierigere Zeiten im Leben gesehen, beruflich und privat. Ihre Ziele aus dieser Zeit hatte sie inzwischen bei Weitem übertroffen und mehr erreicht, als sie sich selbst hätte träumen lassen.

Da saß also diese junge, erfolgreiche Frau und klagte: »In einer Show nach der anderen rackere ich mich ab, und kein Schwein erkennt mich auf der Straße. Völlig unterbezahlt bin ich auch! Es ist eine Unverschämtheit. Und wo soll das alles hinführen? In zwei, drei Jahren bin ich restlos weg vom Fenster! So jemanden wie Martin Luther, den kennen die Leute heute noch! Aber mich?«

Martin Luther? Ja, wir hatten richtig gehört, und Sie haben richtig gelesen: Martin Luther. Und Sie ahnen es schon: Es verhält sich auch mit dem Status ganz ähnlich wie mit dem Geld. Zufrieden macht uns nur das, was uns über andere emporhebt. Das können wir wörtlich nehmen: Solange wir nicht in der obersten Etage angekommen sind, befriedigt uns unser Büro auch dann nicht so recht, wenn es eigentlich die Größe und Ausstattung hat, die wir uns einmal erträumten, wenn wir eigentlich nach unserer eigenen Definition »oben angekommen« sind. Selbst wenn wir es in den Vorstand schaffen, ist da immer noch dieses komische Bewusstsein, dass es einen Vorstands*vorsitzenden* gibt, der noch ein paar Fenster mehr im Büro hat und meist noch einmal eine Etage höher sitzt. Und selbst wenn wir Vorstandsvorsitzender werden, schweift unser Blick auf andere Chefs, die noch größere Unternehmen leiten und noch eindrucksvollere Insignien der Macht mit sich herumtragen, die öfter in der Presse zitiert und zu Talkshows eingeladen werden, denen mehr Sitze in gesellschaftlichen Entscheidungsgremien angetragen werden und die auf Empfängen größere Aufmerksamkeit erregen. Das entwertet subjektiv unsere eigenen Statussymbole, obwohl die bereits ganz nett sind. Und wie mit dem Geld ist es auch mit dem Status leider so: Es wird immer und überall Leute geben, die mehr davon haben als wir.

Hinzu kommt, dass auch Jobs mit Status ein ganz normales Alltagsleben haben – es war dieses Alltagsleben, an das ich als kleines Kind, das Bankdirektor werden wollte, keinen Gedanken verschwendet hatte. Diesen Alltag, der oft langweilige und meist anstrengende Routine ist, kann uns auch kein Status der Welt ersparen. Er findet in der Vorstandsetage – auf seine Art und Weise – keinen Deut weniger statt als am Fließband in einer Autofabrik oder an der Kasse im Supermarkt. Oder im Fernsehstudio: Carola Ferstl, die beim Nachrichtensender n-tv vom ersten Tag an eine eindrucksvolle Karriere als Moderatorin hingelegt hat, sagte zum 15. Jubiläum des Senders: »Ich kann gar nichts anderes sagen, als dass sich meine Träume übererfüllt haben.« Das konnten die Zuschauer am Bildschirm gut mitverfolgen. Was dort nicht zu sehen war und was diejenigen, die von einer solchen Bildschirmkarriere träumen, sich nicht ausmalen, sagte sie aber auch: »Natürlich war es nicht jeden Tag sexy, im Schichtbetrieb zu arbeiten, im Studio zu stehen …« Nachrichtenmoderator zu sein ist eben so viel mehr, als sein eigenes Gesicht auf dem Bildschirm sehen zu können! Ganz normale Schichtarbeit, mitten in der Nacht aufzustehen, sich dann in ein enges Studio vor heiß glühende Scheinwerfer zu stellen und konzentriert Texte in die Kamera zu sprechen, während andere sich zu Hause im Bett noch einmal umdrehen – das ist der Alltag eines typischen Statusberufs.

Wenn Sie also nach Status schielen, denken Sie daran: Auch dort wird ganz normale Arbeit gemacht, und der Status wird Sie ohnehin nie zufriedenstellen. Kaum ist er gewonnen, reicht er schon nicht mehr aus, und der Alltag übernimmt. So wird es immer sein. Egal wie oft und wohin Sie wechseln.

Warum denn nicht die Welt verbessern?

»Aber es gibt doch auch noch ganze andere Motive«, hören wir Sie jetzt rufen. »Solche, die nichts mit Geld, Macht und Status zu tun haben. Es gibt auch Menschen, die etwas bewegen wollen auf der Welt, Spuren hinterlassen wollen zum Wohle der Menschheit, die nicht nur sich selbst sehen.«

Ja, diese Motive gibt es. Sie gehören zu den angesehensten Motiven, die anderen Menschen regelmäßig Respekt abverlangen. Auf die Frage, ob er solche Motive verfolgt, würde kaum jemand mit »nein« antworten. Deshalb bringen wir diese Motive ganz bewusst erst jetzt ins Spiel. Sonst wäre die Gefahr zu groß, dass die meisten sich gleich am Anfang auf diese gesellschaftlich angesehenen Absichten stürzen und somit die Chance verpassen würden, sich ehrlich die Frage nach den anderen Beweggründen zu stellen.

Kümmern wir uns jetzt also um das Motiv »Weltverbesserung«, denn es gibt tatsächlich viel zu verbessern auf dieser Welt! Fast eine Milliarde Menschen leiden an Hunger. Jede Minute sterben viel zu viele von ihnen, weil sie schlicht nichts zu essen haben. Andere haben zwar ein Auskommen, leben aber in täglicher Verfolgung und Demütigung oder in menschenunwürdigen Zuständen, die wir uns in unseren grausamsten Träumen nicht einmal ausmalen können. Wie viele Gruppen leben in Unterdrückung, nicht nur fernab von hier, sondern auch in unserem eigenen Land, in dieser Minute? Wie viele Menschen sind so einsam und verzweifelt, dass sie sich nur noch den Tod wünschen? Wie viele Menschen leiden an Krankheiten, für die wir noch keine Heilung gefunden haben? Oder ihnen fehlt das Geld, um sich Heilung leisten zu können. Und welchen Raubbau treiben wir mit unserer Erde, für den sie uns eine schlimme Rache androht? Die Liste ließe sich noch lange fortsetzen.

Es ist sehr wichtig, dass sich möglichst viele Menschen gegen Missstände engagieren. Es ist sinnvoll. Und dieser Sinn kann einer solchen Arbeit auch nicht so leicht genommen werden. Er ist unabhängig von der Bezahlung, von der Existenz eines Dienstwagens und auch vom »Spaßfaktor«.

Es gibt auch genügend Möglichkeiten, eine sinnvolle Tätigkeit zu seinem Beruf zu machen: Weltweit engagieren sich Tausende von Hilfsorganisationen gegen Missstände – und kümmern sich noch um viele, viele andere Nöte, Probleme und Sorgen der Menschheit. Es gibt Einzelberufe, die ohne jede Diskussion für unsere Gesellschaft überlebenswichtig sind, die voll und ganz aus dem Dienst am Nächsten bestehen: Ärzte, Krankenschwestern, Lehrer. Seelsorger, die Menschen in ihren schwersten Stunden beistehen und es ihnen vielleicht nur dadurch ermöglichen, überhaupt weiterzuleben, oder Polizistinnen und Polizisten, die die Ordnung in unserer Gesellschaft aufrechterhalten.

Auch jenseits dieser klassischen Helferberufe lässt sich berechtigterweise Sinn finden. Viele Unternehmen und ganze Industriezweige haben, auch wenn es ihnen in erster Linie aufs Geldverdienen ankam, ganz nebenbei die Welt verändert und tun es jeden Tag aufs Neue. Denken Sie an den Bäcker – er backt im wahrsten Sinne des Wortes unser tägliches Brot, von dem wir leben. Aber denken Sie auch an moderne Technologien: Die Hunderttausende, die allein in Deutschland etwa in der Telekommunikationsindustrie arbeiten, verändern die Welt. Was wäre die Welt ohne Telefon? Es gab eine solche Welt einmal, aber wir können sie uns hier und heute nicht mehr ernsthaft vorstellen. Wenn wir heute einen Telefonanbieter wechseln wollen und ein paar Tage ohne Leitung sind, bekommen wir einen Eindruck davon, *wie* sehr sich unser Leben allein durch das Telefon verändert hat – und dadurch, dass es Menschen gibt, die seine Funktion aufrechterhalten und weiterentwickeln. In anderen Teilen der Erde revolutioniert diese Technik das Leben gleichfalls: Seit Handys in bestimmten Teilen Afrikas verbreitet wurden, haben die Menschen dort ganz andere Perspektiven bekommen. Erst seit sie über längere Strecken miteinander kommunizieren und erreichbar sein können, haben sie eine realistische Chance, eine eigene Erwerbstätigkeit aufzubauen, einen Handel zu betreiben, eine Dienstleistung anzubieten.

Es gibt sehr viele Tätigkeiten, denen man einen echten Sinn für die Menschheit abgewinnen kann. Vielleicht erreichen wir Zufriedenheit am ehesten, indem wir uns auf diesen Aspekt konzentrieren? Ging es Ihnen so? Haben Sie sich einmal für eine Laufbahn entschieden, weil Sie damit ehrlich die Welt verbessern wollten? Was ist daraus geworden? Wieso denken Sie heute an einen Wechsel, lesen dieses Buch?

Lassen Sie uns für einen Moment einen Prototyp des sinnvollen, helfenden, für die Menschheit unverzichtbaren Berufs betrachten: den des Arztes. Wie viele Ärzte kennen Sie? Wie viele davon sind zufrieden mit ihrem Job? Lenken wir den Blick auf die Massen wütender Demonstranten in weißen Kitteln, in die Zeitungen, in denen Ärzte jeden zweiten Tag über ihr berufliches Schicksal klagen. Es gibt nur sehr wenige Ärzte, die wirklich mit ihrem Job zufrieden sind.

Ein junger Arzt, mit dem wir sprachen, war gerade erst wenige Jahre im Beruf. Er arbeitete als Assistenzarzt in einem Krankenhaus. Mehrfach hatte er schon Krankenhaus und Ort gewechselt, aber richtig zufrieden war er nicht. Wie wir Sie am Anfang dieses Kapitels fragten, so fragten wir auch ihn:

»Aus welchem Grund hast du damals beschlossen, Arzt zu werden?«

Seine Antwort kam prompt: »Weil ich Menschen helfen wollte.«

»Und – tust du das nicht heute?«, fragten wir.

»Doch, schon ...« Diese Antwort kam etwas zögerlicher, aber sein Gesicht hellte sich ein wenig auf. »Gerade heute habe ich einer Patientin im richtigen Moment ein wichtiges Medikament gespritzt. Sie war nach einem Routineeingriff überraschend in einen kritischen Zustand gefallen. Ohne ärztliche Hilfe würde die Frau jetzt nicht mehr leben. Sie hat einen Mann und vier Kinder. Da geht man schon abends mit einem ganz guten Gefühl nach Hause.«

»Wieso trägt dieses Gefühl nicht?«, fragten wir weiter.

Nachdenkliche Pause. Dann: »Ich weiß es nicht. Vielleicht, weil alles zur Routine wird. Weil es auf Dauer halt auch nur ein Job ist. Vielleicht, weil jeder andere im Krankenhaus ihr die Spritze genauso hätte geben können – es kam jetzt nicht auf mich *speziell* an. Und außerdem ist das ja immer nur ein Einzelfall. Es gibt auch genügend Leute, die zu uns kommen und denen wir nicht helfen können. Die uns unter der Hand wegsterben. Das belastet dann genauso schwer wie es sich gut anfühlt, wenn man jemanden rettet. Ganz zu schweigen von den Massen von kranken Menschen auf der Welt, zu denen wir überhaupt keinen Zugang haben. Bei denen wir nicht den

Hauch einer Chance haben, zu helfen. Hier helfen, dort nicht helfen, nicht helfen können – das hebt sich in meiner Gefühlsbilanz irgendwie auf.«

Nach einer weiteren Pause gestand der Arzt, dass Helfen am Ende eben auch nicht alles ist: »Ein großes Problem ist natürlich der Hungerlohn, den wir für diese Arbeit bekommen.« Es sprudelte jetzt richtig aus ihm heraus: »Wir tragen eine große Verantwortung und schieben 30-Stunden-Dienste. Aber wie dankt es uns die Gesellschaft? Ich hätte damals nicht gedacht, dass mich das wenige Geld einmal so stören würde. Aber es ist schon ein Schlag ins Gesicht. Und dann der ganze Papierkram! Ich verbringe heute mehr Zeit damit, Anträge und Meldezettel auszufüllen, als das zu tun, was ich einmal wollte – Menschen zu helfen.«

Ähnlich formulierte es der Arzt Dr. Frank Grüner, als er der *Frankfurter Allgemeinen Zeitung* erklärte, warum er schon nach kurzer Zeit dem Krankenhaus entfloh und Flugbegleiter wurde: »Vergleichen Sie mal die reellen Stundenlöhne des Arztes mit denen einer Putzfrau«, sagte er, »Sie werden überrascht sein. [...] Als ich in dem Krankenhaus nach sechs Wochen gekündigt habe, sagten die meisten Kollegen dort: Recht hast du. Wenn wir die Möglichkeit hätten, würden wir sofort auch gehen.«

Und in der Tat: Mehr als jeder zweite Krankenhausarzt erwägt, seinen Job aufzugeben, fast jeder Dritte würde ihn ganz sicher kein zweites Mal wählen, ergab eine Umfrage des Ärzteverbands *Marburger Bund.*

Ähnliches hört man von Lehrern. Auch hier ist das Motiv edel: jungen Menschen etwas beizubringen, ihnen das Rüstzeug fürs Leben mitzugeben. Was wäre eine Gesellschaft ohne Lehrer? Wir hätten dieses Buch nicht schreiben können, und Sie könnten es nicht lesen – hätten uns nicht Lehrer das Lesen und Schreiben beigebracht. Voll Idealismus entscheiden sich viele für diesen Weg. Manche lassen dafür sogar ein anderes Leben zurück: Der Investmentbanker Peter Ferres zum Beispiel schmiss seinen Job nach 20 Berufsjahren, um eine eigene Schule in Frankfurt zu gründen, die *Metropolitan School.* Er wollte eine »Schule für Schüler« machen und in ihr viele Dinge verbessern, die ihn damals in seiner eigenen Schulzeit gestört hatten. Dafür gab er einen – wie er selbst sagte – sehr spannenden und bekanntermaßen auch nicht gerade schlecht bezahlten Job auf. Das Sinnstiftende am Lehrerberuf übt eine große Anziehungskraft aus. Als dieses Manuskript entstand, hatte die *Metropolitan School* gerade erst ihre Pforten geöffnet – es war noch zu früh, um Peter Ferres nach seinen Erfahrungen zu befragen.

Was wir allerdings haben, sind Befunde wie dieser: In Berlin beispielsweise hat die Zahl der dauerkranken Lehrer in den letzten fünf Jahren um fast 70 Prozent zugenommen. Allein im Jahr 2006 kamen 400 neue Fälle hinzu. Berlins Bildungssenator Jürgen Zöllner verwies auf Studien, nach denen eine »positive Selbstwirksamkeitserfahrung« gegen das Burnout-Syndrom schütze. Nun suchen uns leider Lehrer geradezu massenhaft auf und klagen darüber, dass ihnen genau diese »Selbstwirksamkeitserfahrung« fehlt: Die Schüler lassen sich ohnehin nichts von ihnen sagen, der einzelne Lehrer kann an der Misere nichts ändern, dazu der ganze Papierkram, der Ärger mit Schülern, Eltern und Kollegen. Und die schlechte Bezahlung. Im Verhältnis zu anderen Arbeitsgruppen leiden Lehrer sehr viel häufiger an psychischen Erkrankungen wie etwa Depressionen.

Eine Theologin, die nach einigen Jahren Studium und verschiedenen anderen beruflichen Stationen ihren Traumjob bei einer Menschenrechtsorganisation bekam, klagte ähnlich: »Das Elend zu groß, mein Einfluss zu schwach, die Strukturen zu starr, ich kann nichts so richtig voranbringen, das hatte ich mir alles völlig anders vorgestellt.«

Oder nehmen Sie den vielversprechenden Jungwissenschaftler, mit dem wir ebenfalls sprachen. Mit viel Elan hatte er sich für eine Forscherkarriere in der Pharmazie entschieden. Er war in der Krebsforschung tätig. Der Krebs rafft immer noch viel zu viele Menschen dahin; in Deutschland gehört er seit Jahren zu den häufigsten Todesursachen. Wer erfolgreiche Mittel gegen Krebs entwickelt, tut ohne Frage viel für die Menschheit. Sorgt das für Zufriedenheit? Der Wissenschaftler wollte seinen Job hinschmeißen – und hat es am Ende auch getan. Man war ihm auf die Schliche gekommen, er hatte Studienergebnisse gefälscht. »Ich wollte Menschen helfen, aber habe mich in einem gnadenlosen System wiedergefunden. Der Druck, ständig neue Ergebnisse zu liefern, zu publizieren, ist längst zum Selbstzweck geworden. Wer wirklich helfen will, hat es in dem System schwer. Die Spirale reißt einen einfach mit. Ruck, zuck sind alle Ideale dahin.« Um dem Druck standzuhalten, fälschte er. Er arbeitet heute als Fitnesstrainer.

Junge Bundestagsabgeordnete gehen oft mit einer gehörigen Portion Idealismus in ihre erste Legislaturperiode: frische Ideen entwickeln und voranbringen, fernab von Parteigekungel, Lobbyeinflüssen und faulen Kompromissen, nur zum Wohle der Gesellschaft. Nur ihrem Gewissen verpflichtet, so, wie es in Artikel 38 unseres Grundgesetzes ausdrücklich steht. Und sind diese Vorstellungen nicht richtig? Wie sonst kann man die Gesellschaft tatsächlich so nachhaltig verändern wie mit Gesetzen, die unser tägliches Leben bestimmen? Denken wir nur an das Hartz-Konzept, an Gesundheits- und Steuerreformen. Doch der Elan muss auch hier meist Enttäuschungen Platz machen. Der 32-jährige CDU-Abgeordnete Thomas Bareiß beispielsweise sagte nach zwei Jahren im Bundestag zur *Süddeutschen Zeitung*: »Da gibt es natürlich auch eine gewisse Ernüchterung, weil man als neuer Abgeordneter nicht einfach kommen kann und sagen: Ich hab eine gute Idee, setzen wir sie um ... Wenn es um große Gesetzesvorhaben geht, kann man als kleiner Abgeordneter nur minimal die Richtung oder die Geschwindigkeit beeinflussen. Das sind die weniger schönen Momente.« Dem ist hinzuzufügen: Auch als »großer« Abgeordneter kann man die Welt nicht so einfach verändern.

Diese Beispiele zeigen uns, wo der Haken liegt beim vermeintlichen Patentrezept »Sinnvolle Tätigkeit gleich zufriedenes Arbeitsleben«. Dieses Rezept hat nicht nur einen, sondern leider gleich eine ganze Reihe von Haken: Der eine ist – auch hier – die Routine. Wer jeden Tag Menschen rettet, wer jeden Tag das Brot des Lebens backt, wer jeden Tag über wichtige Gesetzesvorhaben abstimmt, der wird irgendwann betriebsblind für den Sinn und den Wert seiner Tätigkeit – die ja objektiv nicht geringer geworden sind. Irgendwann wird es, wie der junge Arzt sagte, »eben auch nur ein Job«. Aber der Gewöhnungseffekt ist hier nicht ganz so ausgeprägt wie bei Geld und Status. Einen Menschen gesund zu machen, ein Leben zu retten, das verleiht auch im Routinebetrieb, beim x-ten Mal, zumindest noch einen gewissen Kick.

Schwerer wiegen die anderen Punkte: Wer die Welt verbessern will, hat zwar einen edlen Beweggrund gewählt, den ihm keiner nehmen kann. Zahlreiche Gespräche haben uns aber gezeigt: Mit diesen Motiven untrennbar verbunden sind ganz besonders hohe Anforderungen an sich selbst – und leider auch besonders unrealistische Erwartungen an den Arbeitsalltag und an Erfolgserlebnisse. Wer nicht auf Geld und Status achtet, sondern seine Tätigkeit nach ihrem Nutzen für die Menschheit wählt – der erwartet sich davon eine andere Art der Belohnung: das Bewusstsein, tatsächlich etwas zu bewirken, mit seiner eigenen Hände Arbeit einen *Unterschied* zu machen. »Auf mich kommt es an« – das ist die Devise, mit der man sich für einen entsprechenden Beruf entscheidet.

Sind wir mit diesem Motiv gestartet, erwischt uns die Realität dann aber leider besonders kalt: Zunächst lernen wir, wie viele Weltverbesserer es eigentlich gibt. Tausende und Abertausende Menschen hatten nämlich genau die gleiche Idee: etwas Sinnvolles im Leben zu tun. In dieser Welt sind wir plötzlich einer von sehr, sehr vielen. Wir scheinen austauschbar – instinktiv widerspricht bereits diese Erfahrung der Vorstellung von »Auf mich kommt es an«. Auch in der Masse leistet jeder einen enorm wichtigen Beitrag. Nur erscheint unser Einfluss so unendlich viel geringer, als wir es erwartet hatten. Und das Schlimmste: Selbst alle zusammen können die großen Probleme der Welt nicht so einfach lösen – geschweige denn wir allein. Wir kommen uns machtlos vor. Diese Machtlosigkeit, gepaart mit dem Bewusstsein, austauschbar zu sein, ist der Zufriedenheitskiller Nummer eins für Weltverbesserer. Sie ist das Hauptproblem, mit dem wir kämpfen, wenn wir einst edle Motive hatten und dann vom Arbeitsleben enttäuscht wurden. Plötzlich kommen wir uns verloren vor auf der Welt, die wir eben noch retten wollten. Wir sind enttäuscht und stellen den Sinn unseres konkreten Beitrags plötzlich doch wieder infrage – denn immer könnte man ja auch alles ganz anders machen: Helfen wir wirklich, wenn wir so manchem schwer leidenden Menschen das Leben verlängern? Ist es richtig, mit dem Geld einer Hilfsorganisation eine Schule zu bauen, wenn vor deren Tür die Kinder verhungern? Ist es vertretbar, für die Pharmaindustrie ein wichtiges Medikament zu entwickeln, wenn die Gesetze des Weltmarkts später darüber entscheiden, wer es haben kann? Fragen über Fragen tauchen auf. Das Motiv »Weltrettung« bringt ein ewiges Grübeln und Zweifeln mit sich.

Unsere Erfahrung zeigt weiterhin, dass Menschen mit edlen Motiven bei der Jobwahl ganz besonders dazu neigen, die Niederungen des Arbeitsalltags in ihrer Vorstellung auszublenden.

Arzt wird man, weil man helfen will. Das muss genügen! Über Papierkram, enge Budgets, Zwist und Eifersucht unter Kollegen macht sich kaum jemand Gedanken, wenn er die Entscheidung trifft, Arzt zu werden. Die Probleme, die *jeder* Job mit sich bringt, treffen nach unserer Erfahrung die edel Motivierten noch einmal ganz besonders. Diese Probleme untersuchen wir in den nächsten beiden Kapiteln. An dieser Stelle nur so viel: Wir können auch vor ihnen leider nicht davonlaufen. Das Leben verschont uns auch dann nicht, wenn wir die Welt retten wollen.

Zum Abschluss dieses Kapitels möchten wir Ihnen noch ein ganz besonders bewegendes Beispiel erzählen: Mutter Teresa gründete und leitete den Orden der »Missionarinnen der Nächstenliebe« in Kalkutta. Sie kümmerte sich, wie zu Recht oft gesagt wurde, um die »Ärmsten der Armen«, um Menschen, die sonst niemanden mehr hatten, die im Schmutz der Straße zurückgelassen worden waren und dort dem sicheren Tod entgegenvegetierten. Diese Menschen hob Mutter Teresa auf, gab ihnen zu essen, zu trinken und ein Dach über dem Kopf. Und noch viel wichtiger: Sie sah ihnen in die Augen, berührte sie, schenkte ihnen Wärme, Aufmerksamkeit – und Liebe. Oft waren Mutter Teresa und ihre Ordensschwestern die einzigen, von denen diese Menschen in ihrem Leben überhaupt einmal eine liebevolle Berührung erfuhren.

Eine sinnvolle Tätigkeit? Ohne Frage! Vielleicht sogar eine der sinnvollsten, die man sich überhaupt vorstellen kann.

Und noch nicht einmal über fehlende Aufmerksamkeit und Anerkennung konnte sich Mutter Teresa beklagen: Sie war ein echter Weltstar. Man beobachtete und bewunderte sie fortwährend. Die Mächtigen lagen ihr zu Füßen und zollten ihr Respekt. Fast wie bei einem Hollywood-Filmstar brachte dies sogar einen gewissen Glamour in ihr Leben. Sie lebte nicht in Saus und Braus, aber auch nicht in der Armut der Menschen, um die sie sich kümmerte, sondern hatte alles Nötige zum Leben.

Müsste eine solche Tätigkeit, sinnerfüllt und weltweit geschätzt, nicht zufrieden machen? Das sollte man meinen. Und das meinte die Welt auch lange, bis zehn Jahre nach Mutter Teresas Tod erschütternde Briefe veröffentlicht wurden. Briefe an ihre Vorgesetzten und geistlichen Berater, in denen Mutter Teresa offenbarte, dass auch sie genau mit den Problemen kämpfte, über die wir eben sprachen: mit der Machtlosigkeit angesichts des massenhaften Elends, das auch sie nie so richtig in den Griff bekommen konnte. Mit den Zwistigkeiten des Alltags. Mit der Bürokratie und den Eitelkeiten der Welt, die einer echten Hilfe oft genug im Weg standen. Mit der frustrierenden Macht der Routine. »Das Lächeln ist ein großer Deckmantel, der eine Vielzahl an Schmerzen verbirgt«, schrieb sie. Auch Mutter Teresa litt darunter, dass sie sich verloren fühlte, so verloren, dass sogar ihr Glaube an Gott, einst Triebfeder für ihr Handeln, wohl abriss: »Wenn ich versuche, meine Gedanken zum Himmel zu erheben, erlebe ich eine solch überzeugende Leere, dass diese Gedanken wie scharfe Messer zurückkehren und meine innerste Seele verletzen.«

Diese Bekenntnisse sind sehr bewegend, aber auch sehr tröstlich für Sie und für uns. Selbst Mutter Teresa – bei ihrer zweifellos sinnvollen Tätigkeit, bei den vielen wehrlosen Leben, die sie rettete, und den getretenen Herzen, die sie mit Liebe berührte – gehörte ganz offensichtlich zu den 85 Prozent der arbeitenden Bevölkerung, die mit ihrem Job hadern.

Dann dürfen wir das erst recht.

Aber: Wir dürfen eben leider auch keine all zu großen Hoffnungen hegen, dass ein Wechsel es besser macht. Auch und gerade wenn wir edel motiviert sind, bringt dies Probleme mit sich, denen wir nicht entkommen können und die uns immer und überall in dieser oder ähnlicher Form wieder begegnen werden.

»Suche dir eine Arbeit, die du liebst – und du brauchst keinen einzigen Tag zu arbeiten.« So empfiehlt es Konfuzius.

Wie einfach, wie klar! Warum kommen wir erst jetzt darauf zu sprechen? Ist *das* der Stein der Weisen? Wenn Geld und Status uns ohnehin nie wirklich glücklich machen können, wenn Sinnfragen uns sogar in offiziell sinnstiftenden Berufen immer wieder quälen – dann können wir uns doch wenigstens für eine Tätigkeit entscheiden, die uns Spaß macht und die wir interessant finden.

In der Tat machen viele Menschen ihr Hobby zum Beruf: Wer gern Auto fährt, wird Chauffeur; wer gern mit Technik bastelt, wird Elektroingenieur; wer gern Feste ausrichtet, wird Eventmanagerin; wer gutes Essen mag, eröffnet ein Restaurant. Und sicher lässt sich damit ein hoher Zufriedenheitsgrad erreichen – zunächst. Aber auch diese Menschen sind leider nicht davor gefeit, dass Spaß und Interesse auf der Strecke bleiben. Das »Hobby als Beruf« ist eine magische Wendung, die wir bei unseren Recherchen zu diesem Buch nur allzu oft gehört haben; leider nicht immer in gutem Zusammenhang.

Nachdem ich, Volker Kitz, mein Jurastudium absolviert hatte, standen mir viele Tätigkeitsfelder offen. Die Ausbildung zum »Volljuristen« bedeutet, dass man nun jeden juristischen Beruf ergreifen kann: Richter, Staatsanwalt, Rechtsanwalt, vielleicht Referent in einem Bundesministerium. Man kann für ein Unternehmen arbeiten, das sich mit Dingen beschäftigt, die einen interessieren: Wer Sport mag, geht in die Rechtsabteilung eines Sportartikelherstellers oder Fußballvereins. Wer das Theater liebt, versucht sich beim Justiziariat einer Bühne; wer Medizin interessant findet, regelt die Rechtsangelegenheiten eines Pharmaunternehmens. Eigentlich ein schöner Ausgangspunkt. Aber schon neigte mein Blick dazu, abzuschweifen. Ich kam in dieser Zeit ins Gespräch mit einem jungen Berliner Künstler. Als einer der ganz wenigen Glücklichen hatte er die Aufnahmeprüfung an einer renommierten Kunsthochschule geschafft, dort erfolgreich bei bekannten Lehrern studiert und sein Diplom gemacht. Er hatte in seinen jungen Jahren bereits eine Reihe von Ausstellungen in aller Welt hinter sich gebracht – mit nur 29 Jahren. Eine angesehene Berliner Galerie vertrat ihn. Wie gesagt: Er war ein Profi, kein Möchtegern. »Ich habe mein Hobby zum Beruf gemacht«, sagte er mir. Ich beneidete ihn etwas. Wie toll! Auch ich hatte einige künstlerische Ambitionen gehabt, aber sie waren immer Hobby geblieben. Wie wenig glamourös und spaßbringend erschien mir demgegenüber zum Beispiel der Richterberuf: in schwarzer Robe, mit ernstem Blick über ernste, wahrlich nicht immer interessante Akten gebeugt. Kein Atelier, keine bunte Farbe, keine Vernissagen! Keine ausgeflippten Frisuren. Keine Champagnerlaune. Aber der Künstler strahlte schon bei unserem Kennenlernen nicht so, wie ich es von jemandem erwartet hätte, der beruflich das tut, was ihm auch privat gefiel. Unsere Wege trennten sich zunächst.

Einige Wochen später fiel mir der Künstler wieder ein. Aus Interesse rief ich noch einmal seine Website auf. Die Website existierte nicht mehr. Ich war verblüfft. Auch auf der Seite seiner Galerie war er nicht mehr verzeichnet. Wie es der Zufall wollte, begegnete ich ihm wenig später erneut.

»Ich mache gerade eine schwierige Phase durch«, begrüßte er mich. »Die Kunst habe ich an den Nagel gehängt.«

Ich traute meinen Ohren nicht. Aber der Spaß an der Kunst, die Leidenschaft, das zum Beruf gemachte Hobby?

»Es funktioniert nicht«, erwiderte er traurig. »Wenn du jeden Tag deine Bilder malst und dir vorstellst, dass du die nächsten Jahrzehnte nichts anderes mehr machen wirst – dann geht der Spaß plötzlich flöten. Und wenn der Druck deiner

Galerie dazukommt, dann ist es eben ganz anders, als wenn du privat gern malst. Dann wird aus dem Malen ein Produzieren. Es erscheint mir inzwischen alles so belanglos. Dabei gibt es so viel sinnvollere und interessantere Berufe! Richter zum Beispiel, das würde mich reizen ...«

Mir verschlug diese Aussage die Sprache. Und sie raubte mir in dieser Nacht den Schlaf, denn ich dachte noch lange über sie nach. Sollte es tatsächlich so sein? Sollte selbst eine Besinnung auf das, was man eigentlich gerne macht, was man liebt, am Ende auch kein Glück im Job bringen? Hatte ich es vielleicht mit meinem Jurastudium gar nicht so falsch angepackt? Immerhin wollte der Künstler nun Richter werden und dafür die Kunst sausen lassen. Was für eine verrückte Welt!

Wir fürchten, der Künstler hatte zu großen Teilen recht. Unser Berufsleben erstreckt sich über 30, 40, manchmal gar über 50 Jahre. Es ist unendlich schwer, über diesen langen Zeitraum den Spaß an ein und derselben Tätigkeit aufrechtzuerhalten. Die lähmende Macht der Gewöhnung, die Geißel der Routine schlagen auch hier ohne Nachsicht zu. Was einmal Spaß machte, kann auf Dauer leicht zur Belanglosigkeit werden, wenn nicht gar zur Qual. Und noch wichtiger ist das, was der Künstler über die äußeren Umstände sagte: Ein und dieselbe Tätigkeit kann eine völlig andere Qualität haben, je nachdem, ob wir sie hin und wieder nach Feierabend und nach Lust und Laune ausüben – oder ob sie eben eingebettet ist in ein professionelles Umfeld mit seinen Anforderungen, seinem Druck, seinen Kompromissen und all den kleinen Quälgeistern, die wir in den nächsten beiden Kapiteln noch genauer untersuchen werden. Schnell kann der Spaß verloren gehen, wenn man Aufträge an Land ziehen, Kundenanweisungen ausführen, Rechnungen schreiben, telefonisch erreichbar sein muss. Was man früher nach Lust und Laune dosieren konnte, beherrscht plötzlich alles Tun und Denken.

Eine der begehrtesten Laufbahnen ist der auswärtige Dienst: Alle zwei, drei Jahre schickt einen der Staat in ein anderes Land. Man lernt ständig neue Kulturen kennen, knüpft viele Kontakte, repräsentiert. Ein Diplomat bekommt sogar einen Extra-Etat, nur um zu repräsentieren. Davon soll er Empfänge abhalten, den Kontakt zu Geschäftsleuten, Politik und Presse im Gastland pflegen. Ein Berufsbild, das enorm attraktiv klingt. Wem würde so etwas keinen Spaß machen? Entsprechend viele Bewerber rennen dem Auswärtigen Amt die Türen ein. In einem anspruchsvollen Auswahlverfahren siebt der Staat streng aus, und nur ein paar wenige Glückliche schaffen es in den diplomatischen Dienst. Es ist wie ein Sechser im Lotto.

Nun nahm ich, Manuel Tusch, bei einem geschäftlichen Aufenthalt in einer aufstrebenden, sehr interessanten Stadt in Asien einmal an einem solchen Empfang teil. Brav hatte der Botschafter das Essen aufgefahren, die Getränke kalt gestellt. Es war eine laue Sommernacht, die wir in seinem Garten um den Pool herum verbrachten. Gedämpftes Licht strahlte aus dem Wasser, es herrschte eine entspannte und zugleich aufregende Atmosphäre. Alles war genau so, wie man sich ein Diplomatenleben vorstellt. Jeder amüsierte sich. Jeder? Ein Mann stand mit etwas zerknirschtem Gesichtsausdruck am Rande. Er war zwar ständig im Gespräch, aber ich hatte den Eindruck, dass es ihm zuwider war. Seine Frau hatte sich schon recht früh ins Haus verabschiedet. Der Mann war der Botschafter. Ich ging zu ihm hinüber.

»Traumjob, was?«, sprach ich ihn an.

»Ach, hören Sie mir auf«, entgegnete er. »Ich bin immer gern gereist, wollte mein Hobby so zum Beruf machen. Auch Kontakte knüpfen fand ich schon im Studium wahnsinnig spannend.«

»Also ist das hier doch genau das Richtige für Sie, nicht wahr?«

»Eben nicht«, entfuhr es ihm tonlos. »Sie machen sich keine Vorstellung, wie das nach einer gewissen Zeit nervt: ständig woanders hinziehen, nie richtig Freunde kennenlernen. Und während eines Postens: auf jedem Empfang dieselben Leute, dieselben Gespräche, dieselben Reden. Und das Geld reicht auch vorne und hinten nicht. Vieles, was hier steht, bezahle ich aus eigener Tasche. Ich bin vom Reisen und Netzwerken inzwischen kuriert.«

Ungewöhnlich offene Worte aus dem Munde eines Menschen, der sich einmal für eine Tätigkeit entschieden hatte, für die sein Herz brannte.

Was bedeutet das nun für Sie? Vielleicht haben auch Sie sich einmal aus Leidenschaft für eine Tätigkeit entschieden, die Ihnen Spaß machte, die Sie interessant fanden. Das alles ist nun weg. Dagegen haben auch wir kein Mittel, leider. Das ist das Schicksal der menschlichen Gewöhnung. Wir können Ihnen die Passion nicht wieder zurückholen, die Sie da vor Jahren vielleicht einmal verspürten.

Aber wir können Ihnen sagen: Auch hier ist ein Jobwechsel keine Lösung. Natürlich ist das Andere, das Fremde, Neue immer das Interessantere. Vielleicht scheint es Ihnen momentan so, als wäre alles auf der Welt spannend und interessant – bis auf Ihren eigenen Job. Aber den Leuten in den anderen Jobs geht es genauso! Die schielen vielleicht gerade auf Sie und sagen sich: *Das* würde mir Freude machen! Denken Sie an den Künstler und den Richter, die beide wehmütig aufeinander blickten. Der Kick, den Ihnen das Neue gäbe, würde auch wieder nur kurz anhalten, und schon sehr bald wäre wieder alles wie bisher.

Was die Weihnachtsgans mit unserem Job zu tun hat – oder warum wir zu wenig und doch zu viel wollen

Nun sind Sie vielleicht verwirrt: Wer im Job Geld will, wird enttäuscht, wer Status will, auch. Ebenso findet keine echte Befriedigung, wer etwas Sinnvolles tun möchte oder wer sich einfach für das entscheidet, was ihm Spaß macht und ihn interessiert.

Worauf sollen wir denn unsere Jobwahl dann gründen?

Die Antwort lautet: Auf all das!

Wie soll das gehen? Haben wir nicht gerade noch gesagt: Wer diese Erwartungen hegt, wird in der Regel enttäuscht?

Ja, das haben wir. Lassen Sie uns die Antwort daher wiederholen:

Auf *all* das!

Die Betonung liegt auf »all«! Wir haben jahrelang Muster analysiert, nach denen Menschen sich für einen bestimmten Beruf und für einen bestimmten Arbeitgeber entscheiden. Dabei zeigte sich, dass Menschen sich in der Regel *eines* der genannten Motive herausgreifen und sich sehr stark auf dieses eine Motiv konzentrieren. An diesem sehr dominanten Beweggrund messen wir dann später die Realität.

Wieso ist das problematisch?

Stellen Sie sich vor, Sie verbinden mit Weihnachten hauptsächlich die Freude auf eine schöne knusprige Weihnachtsgans: nicht zu hell und nicht zu dunkel gebraten, im Ofen betätschelt und beträufelt, eine perfekte Gans eben. Wenn Sie an Weihnachten denken, denken Sie an diese Gans, schon viele Wochen vorher. Die knusprige Gans wird zu Ihrem dominanten Motiv dafür, Weihnachten feiern zu wollen.

Nun kommen die Feiertage, Sie sitzen mit Ihrer Familie am Tisch, und die Gans kommt aus dem Ofen. Voller Hoffnung nehmen Sie den ersten Bissen und führen ihn zum Mund, kauen ihn langsam und bedächtig. Und dann gleichen Sie das Geschmackserlebnis mit Ihren Erwartungen ab. Sie hatten ja nicht viele Erwartungen an Weihnachten: Sie wollten nur die knusprige Gans, aber da wollten Sie bitte keine Abstriche machen; die Gans sollte schon perfekt sein! Die konzentrierte Vorfreude auf dieses Erlebnis hat Ihre Erwartungen hochgeschaukelt. Nun merken Sie: Na ja, ein bisschen knusprig ist sie, aber so ein paar Minuten hätte sie schon noch länger im Ofen sein müssen, um wirklich perfekt zu werden. Irgendwann, irgendwo hat sie schon mal besser geschmeckt.

Und schlagartig sinkt Ihre Laune. Um Sie herum ist es schön dekoriert, eine duftende Tanne ist geschmückt, Gebäck steht auf dem Nebentisch. Das Licht ist festlich gedimmt, Kerzen brennen auf dem Tisch, schöne Musik kommt in angenehmer Lautstärke aus dem CD-Player. Neben Ihnen sitzen Familienmitglieder, die Sie lieben, aber selten sehen. Ihre Lieben unterhalten sich mit Ihnen. Aber Sie antworten nur halbherzig, Ihre Gedanken sind bei der Gans: »Wie konnte das passieren?«, fragen Sie sich innerlich. »Ich hatte mich so auf diese Gans gefreut!« Später musizieren die Kinder, Sie bekommen ein schönes Geschenk, und auch Ihre eigenen Geschenke kommen gut bei den anderen an. Aber noch immer ist Ihre Laune angeknackst. Ihr Bruder hätte sich eigentlich auch mal eine bessere Hose anziehen können, wenn er seine Eltern einmal im Jahr besucht, denken Sie plötzlich. Und ist der Baum eigentlich nicht ein wenig schief gewachsen? Als die Lichter bereits lange erloschen sind, fassen Sie noch den Vorsatz: »Nächstes Jahr wird die Gans aber wirklich knusprig!«

Was ist hier passiert? Ihr Weihnachtsfest hatte so viel zu bieten: ein vielleicht nicht perfektes, aber sehr gutes Essen, geliebte Menschen, eine schöne Atmosphäre, Freude über die Geschenke. Aber Sie waren trotzdem enttäuscht und konnten sich nur noch in die Hoffnung auf nächstes Jahr flüchten.

Nun, Sie hatten die Perspektive zu sehr verengt. Indem Sie die Vorfreude hauptsächlich auf die Gans konzentrierten, trieben Sie die Erwartungen an diese Gans derart in die Höhe, dass die Wirklichkeit sie unmöglich erfüllen konnte – wie sehr sie sich auch bemühte. Gleichzeitig waren all die anderen schönen Dinge, über die Sie sich hätten freuen können, mehr oder weniger aus dem Blickfeld geraten. Ihre beschädigte Laune nahm nur noch das Negative wahr: die zerfetzte Hose Ihres Bruders, den schiefen Baum.

Sie können dieses Gedankenspiel nun variieren: Sie haben ein sehr schönes, teures Handy für Ihren Ehemann als Geschenk gekauft. Schon Wochen vorher stellen Sie sich nur das selige Gesicht des Beschenkten vor, nachdem er das Päckchen geöffnet hat. Dann kommt das Lächeln eine Nuance zu zögerlich, die Begeisterung ein wenig zu leise – und der Abend ist für Sie gelaufen. Oder Sie freuen sich das ganze Jahr auf die Christmette. Nun predigt der Pfarrer nicht ganz nach Ihrem Geschmack – und schon bleibt nur noch die Hoffnung auf nächstes Jahr. Oder Sie freuen sich hauptsächlich auf die harmonischen Gespräche, es keimt aber eine kleine Diskussion auf.

Es ist ungeschickt, wenn wir mit einem dominanten Motiv ins Weihnachtsfest gehen. Wir können dabei nur enttäuscht werden und verlieren. Die Hoffnung auf das nächste Jahr bleibt natürlich; aber wenn wir an unserer Motivationslage nichts ändern, wird sich das gleiche Schauspiel immer wiederholen.

Wenn wir stattdessen aber wissen, dass Weihnachten von allem ein wenig bietet – gutes Essen, geliebte Menschen, nette Gespräche, eine festliche Christmette, Freude beim Beschenken –, dann ist die Wahrscheinlichkeit viel, viel größer, dass *dieses* Weihnachten unseren Erwartungen entspricht. Wir sind empfänglich für unterschiedliche Elemente, die das Fest schön machen; weil wir uns nicht auf eines davon fixieren, sind wir nicht gleich enttäuscht, wenn für sich genommen eigentlich keines dieser Elemente perfekt ist. Und weil eine Enttäuschung unsere Stimmung nicht drückt, suchen wir auch nicht systematisch nach weiteren Ärgernissen. Wir sind zufrieden mit dem, was da ist. Mag der Bruder auch nicht gerade seine Festtagshose angezogen haben, der Baum auch etwas schief sein – unser angenehmes Gesamtbild kann das dann nicht trüben.

Unser Problem ist, dass wir oft zu viel und gleichzeitig zu wenig wollen. Wenn wir Weihnachten hingegen nicht mit einem dominanten Motiv feiern, sondern mit einem Erwartungsbündel, dann wird so ziemlich jedes Weihnachten unsere Erwartungen erfüllen. Wir müssen nie mehr auf das nächste Jahr hoffen.

Betreiben Sie Risikomanagement für Ihre Erwartungen

Genauso verhält es sich auch mit der Motivation für einen Job oder der Entscheidung, sich einen anderen Job zu suchen.

Fast jeder Job bietet – auf seine Weise – von allem ein bisschen: Geld, Status, Sinn, Spaß und Interessantes. Wenn wir ein Erwartungsbündel schnüren und von all dem ein bisschen erwarten, werden wir selten enttäuscht. Wenn wir aber eines dieser Motive herausgreifen und zum dominanten Motiv machen, steigern sich unsere Erwartungen an dieses eine Element ins Unerfüllbare. Gleichzeitig nehmen wir die anderen Dinge höchstens als Nebensache wahr, und die Enttäuschung lässt uns nach weiteren Haken suchen, die wir auch finden.

Dieser Effekt verstärkt sich noch dadurch, dass sich die entsprechenden Motive meist noch vor dem Eintritt ins Berufsleben herausbilden, im Studium etwa. Dort erfahren wir, dass es bestimmte Berufe gibt, denken über sie nach, assoziieren bestimmte Merkmale mit ihnen: Unternehmensberater bringt Geld, Professor bringt Status, Mitarbeiter bei einer Hilfsorganisation bringt Sinn, eine eigene Kneipe aufmachen bringt Spaß. Unser dominantes Motiv entsteht, und unsere Erwartungen sind nicht nur deswegen so hoch, weil wir uns so auf dieses eine Motiv konzentrieren. Es kommt hinzu, dass wir uns noch in einer Phase befinden, in der diese Erwartungen überhaupt noch nicht realitätserprobt sind. Noch ist es leicht, mit den Gedanken und den Jobalternativen zu jonglieren. Tagträumereien kosten nichts, in dieser Lebensphase noch nicht einmal Lehrgeld. Alles scheint noch möglich: der perfekte Job, die perfekte Liebe, der perfekte Wohnort, die perfekten Kinder. Träume sind noch nicht enttäuscht worden. Das lässt die ursprünglichen Erwartungen noch einmal ganz besonders anschwellen, und sie werden uns nie wieder loslassen. Keine Wirklichkeit kann sie jemals erfüllen, aber später werden wir rastlos nach dieser Wirklichkeit suchen. Die Karriereberaterin und Autorin Barbara Sher spricht vom »Kulturschock«, den wir beim Übergang vom erträumten ins wirkliche Berufsleben durchmachen. »Wir sehen uns im Gerichtssaal für Gerechtigkeit kämpfen und sitzen schließlich am Schreibtisch in einem Büro und wälzen Aktenberge über nicht gezahlte Stromrechnungen«, beschreibt sie einen typischen Irrtum.

Nach der ersten Job-Enttäuschung erinnern wir uns dann daran, dass es damals mehrere Alternativen gab, mit denen wir mehrere dominante Motive verbanden. Wenn wir von einem Motiv enttäuscht sind, liegt es nahe, dieses Motiv auch einmal grundsätzlich infrage zu stellen: »Wäre ich nicht Unternehmensberater geworden, sondern zu einer Hilfsorganisation gegangen – dann wäre meine Tätigkeit wenigstens sinnvoll. Wäre ich Professor geworden, dann hätte ich wenigstens einen hohen sozialen Status. Oder hätte ich damals doch mit Frank diese Kneipe aufgemacht – dann hätten wir wenigstens Spaß!«

In dieser Situation sagen wir dann den Satz: »Eigentlich wollte ich etwas ganz anderes werden.« Und glauben es.

Wie oft haben Sie diesen Satz schon gehört?

Wie oft haben Sie ihn schon selbst gesagt?

Diese unheilvolle Selbsttäuschung können wir verhindern, indem wir uns kein dominantes Motiv suchen, sondern ein Bündel schnüren – ein Bündel an Erwartungen.

Wir nennen das Risikomanagement für Erwartungen. Es funktioniert ganz ähnlich wie bei der Geldanlage: Wer nur auf Aktien setzt, ist schlecht dran, wenn die Aktien seine Erwartungen nicht erfüllen. Deshalb legt jeder, der bei Trost ist, sein Geld in unterschiedlichen Formen an; zum Beispiel einen Teil in Aktien, einen Teil in Anleihen und einen Teil in Gold. Die Geldanlageberater nennen das Diversifikation. Wenn die Aktien nicht so gut laufen, haben wir noch die Anleihen und das Gold und umgekehrt.

Und das Entscheidende daran ist: Wenn wir bei der Geldanlage diversifizieren, passiert am Ende immer ein kleines Wunder – irgendwie ist es dann immer ganz passabel gelaufen. Denn wenn wir mehrere Pferde im Rennen haben, laufen immer manche ganz gut und manche weniger gut. Bei einer guten Mischung und auf längere Sicht ist es letztlich relativ egal, in was genau wir investieren.

Zurück zum Job: Wenn wir ein dominantes Motiv haben, wird uns kein Job der Welt befriedigen. Wenn wir aber eine Art Risikomanagement hinsichtlich unserer Erwartungen betreiben, wenn wir diversifizieren und ein Erwartungsbündel schnüren, dann machen wir es dem (Berufs-)Leben verdammt schwer, uns so richtig zu enttäuschen. Und wie bei der Geldanlage macht es am Ende dann gar keinen sehr großen Unterschied, wie unser Job *genau* aussieht. Weil das so ist, können wir uns die rastlosen Wechsel sparen. Dann ist es egal, für wen wir arbeiten.

Diese Dinge werden Sie immer und überall stören

Wir haben bisher festgestellt, dass unsere Erwartungen an einen bestimmten Job oder einen bestimmten Arbeitgeber nicht erfüllt werden können, wenn ihnen ein dominantes Motiv zugrunde liegt. Zu einseitig, zu überhöht sind in aller Regel die Vorstellungen, die wir mit einer bestimmten Stelle verbinden. Erstaunlich schnell holt uns die Realität dann ein und enttäuscht uns; und sind wir erst einmal ernüchtert, fängt die Krise leider erst so richtig an: Eine regelrechte Kettenreaktion nimmt ihren Lauf. »Ein Nachteil kommt selten allein«, denken wir nun – und registrieren auf einmal ganz genau, was uns sonst noch so in unserem derzeitigen Arbeitsalltag stört.

Und das ist eine ganze Menge! Jedes Ärgernis scheint ein Grund mehr zu sein, unseren jetzigen Job einfach zu den Akten zu legen und zu neuen Ufern aufzubrechen. Und die meisten Dinge sind ja tatsächlich Ärgernisse, ohne die wir gut leben könnten! Kein Zweifel. Wir wollen Ihnen Ihre Ärgernisse nicht kleinreden.

Aber eine völlig andere Frage lautet: Wie groß ist eigentlich die Wahrscheinlichkeit, dass das Wasser an diesem neuen Ufer, zu dem wir schielen, klarer ist? Die Sonne heller? Der Sand feiner?

Lassen Sie uns die gängigsten Zufriedenheitskiller im Job einmal gemeinsam untersuchen und anhand einiger einfacher Überlegungen nüchtern einschätzen, wie hoch die Wahrscheinlichkeit ist, dass wir sie mit einem Wechsel so einfach hinter uns lassen können.

Wer will mich bezahlen, wer hat mich bestellt?

Über Geld als dominantes Motiv bei der Jobwahl haben wir ja schon gesprochen – und warum dieses Motiv ein Bedürfnis befeuert, das nie befriedigt werden kann. Die Erfahrung zeigt, dass unser aller Blick früher oder später aufs Geld fällt, selbst wenn die Gehaltsaussichten ursprünglich nicht unser dominanter Beweggrund für die Berufswahl waren. Die Höhe unseres Einkommens ist einfach zu allgegenwärtig, als dass sie auf Dauer eine Nebensache bleiben könnte. Immer und überall werden wir an unser Gehalt erinnert. Es gibt kein Entrinnen, wie oft wir auch beteuern mögen: »Geld interessiert mich gar nicht so.«

Gehen wir es einmal durch: Unser Gehalt wird in der Regel bei der Einstellung ausgehandelt, steht oftmals schon in der Stellenanzeige – oder die Anzeige verlangt von uns, dass wir in der Bewerbung eine entsprechende Vorstellung angeben. Seine Höhe steht ausdrücklich im Arbeitsvertrag. Was wir verdienen, wird uns dann auch jeden Monat schwarz auf weiß, in Euro und Cent, vor Augen geführt – und zwar doppelt: auf der Gehaltsabrechnung und auf unserem Kontoauszug. Einmal im Jahr bescheinigt uns der Steuerbescheid amtlich, wie viel oder wie wenig es über zwölf Monate hinweg war. Suchen wir eine Mietwohnung, so möchte der Vermieter einen Einkommensnachweis sehen und erwartet dabei in der Regel, dass wir nicht mehr als ein Drittel unseres Nettogehalts in die Miete zu investieren gedenken. Sonst gibt er die Wohnung einem anderen Bewerber. Wie viel wir in unsere Altersvorsorge investieren können, ist eng mit der Frage verbunden, wie viel unser Arbeitgeber uns monatlich überweist. Ob wir die gesetzliche durch eine private Krankenversicherung ersetzen können, hängt von unserem Einkommen ab, genauso wie unzählige andere Entscheidungen, kleine und große Dinge des Alltags: welchen Dispo uns die Bank einräumt, ob wir uns gerade das schicke Paar Sommerschuhe aus dem Schaufenster in der Stadt leisten können oder den neuen DVD-Festplattenrekorder aus dem Prospekt des Elektronikmarkts, ob wir im Supermarkt nach der frischen Feinschmeckerpasta greifen oder nach dem schmucklos verpackten, konservierten No-Name-Produkt vom Stapel gegenüber, ob und wohin wir in Urlaub fahren, wie viel Taschengeld wir unseren Kindern zahlen können und nicht zuletzt und tragischerweise auch: welche Zukunftschancen unsere Kinder insgesamt auf ihrem Lebensweg haben.

All das hängt direkt oder indirekt mit unserem Einkommen zusammen. Eine ganz schön bedeutende Sache, dieses Einkommen! Und Geld erhitzt ohnehin unsere Gemüter wie kaum etwas anderes: Klettert der Lotto-Jackpot auf 20 oder 30 Millionen, dann verdrängt die tagelange Berichterstattung darüber schon mal alle anderen Nachrichten. Eine ganze Nation gerät ins Lottofieber, das die Gespräche landauf, landab beherrscht. Und kaum eine Woche vergeht, in der nicht mindestens eine Zeitung oder Zeitschrift einen »Wer-verdient-was?«-Beitrag bringt. Es ist daher kein Wunder und nur allzu verständlich, dass auch die Idealistischste unter uns eines Tages sagt: Ja, was ich verdiene, ist schon ziemlich wichtig. Schonungslos, aber ehrlich stellt Corinne Maier in ihrem Buch *Die Entdeckung der Faulheit* fest: »Das Geld ist der Nerv der Arbeit.« Das trifft am Ende auf fast alle von uns zu, ob wir es wahrhaben wollen oder nicht.

Und so kommt es, dass wir uns irgendwann alle unser Gehalt einmal näher anschauen, die eine früher, der andere später.

Dabei stellen wir in aller Regel fest: Es ist viel zu niedrig! Viel zu niedrig im Vergleich zu Kollegen, Freunden, Nachbarn – diesen Punkt hatten wir schon. Aber auch viel zu niedrig im Verhältnis zu dem, was wir leisten und was unser Arbeitgeber am Ende mit unserer Hände Arbeit verdient. Seine Gewinne steigen und steigen, unser Einkommen hält nicht Schritt; es tippelt hinterher wie eine betrunkene Schildkröte. Und es ist viel zu niedrig für unsere Bedürfnisse, die mit der Zeit auch nicht kleiner, sondern größer werden.

Wenn Sie der Meinung sind, Sie verdienen zu wenig, dann sagen wir Ihnen: Willkommen im Club! Weit mehr als 80 Prozent aller Arbeitnehmer denken genauso wie Sie. Das weiß jede Unternehmensberatung, die bei ihren Klienten Befragungen zur Mitarbeiterzufriedenheit durchführt. Die Frage »Empfinden Sie Ihr Gehalt als angemessen?« beantwortet nur alle Jubeljahre einmal jemand mit einem Ja. Wenn Sie also heute mit irgendeinem Kollegen gesprochen, mit einer Geschäftspartnerin aus einem anderen Unternehmen telefoniert haben – dann stehen die Chancen vier zu eins, dass diese Person sich genauso unterbezahlt vorkommt wie Sie. Ganz egal, wie viel diese Person tatsächlich verdient.

Wir selbst, Volker Kitz und Manuel Tusch, haben einige ähnliche Untersuchungen in Unternehmen durchgeführt. Wir haben Firmen beraten, die bei der Bezahlung eine strikte Politik des Stillschweigens pflegten: Der Arbeitsvertrag verbietet es, mit Kollegen oder sonst jemandem über sein Gehalt zu sprechen. Solche Unternehmen haben oft ein Unruheproblem. Wo es Geheimnisse gibt, wittern die Menschen Ungerechtigkeiten – meist zu Recht, aber darüber werden wir noch sprechen. Die Unternehmen wollten also wissen, ob sie ihre Gehaltspolitik offener betreiben sollten. Ein Schritt in diese Richtung kann darin bestehen, Gehaltskorridore festzulegen. Wir sollten testen, wie die Mitarbeiter damit umgehen. Wir sagten also zu den

Mitarbeitern: »Für Ihre Tätigkeit gibt es auf dem Arbeitsmarkt eine Gehaltsspanne von 30 000 bis 50 000 Euro im Jahr – je nach Qualifikation, Berufserfahrung, Leistungsbereitschaft und Produktivität.« Und fragten: »Wo würden Sie sich innerhalb dieses Korridors selber einordnen?« Was glauben Sie nun, wie viele der Befragten etwas anderes antworteten als »schon eher bei den 50 000«, »am oberen Ende«, »jedenfalls weit über dem Durchschnitt«? Richtig: kein Einziger! Waren das alles Überflieger? Beileibe nicht! Ein großer Teil der Befragten hatte – objektiv gesehen, also gemessen an den genannten Kriterien – auf dem Arbeitsmarkt bestenfalls einen durchschnittlichen, manchmal sogar unterdurchschnittlichen Wert.

Es ist schon verrückt: Wenn es um unser eigenes Gehalt geht, setzt bei uns oft jeder Sinn für Realität aus. Wir halten uns stets für weit überdurchschnittlich gut und wertvoll – wer möchte auch nur Durchschnitt sein und wie Durchschnitt behandelt werden? Oder noch schlimmer: unterdurchschnittlich? Diese Selbsteinschätzung ist schön für unser Selbstwertgefühl, aber schlecht für unsere Gehaltszufriedenheit. Denn weil wir Menschen so ticken, laufen wir dieser Zufriedenheit stets hinterher.

Was diese Befragungen messen, ist die subjektive Einschätzung des eigenen Gehalts. Selbstverständlich gibt es Fälle, in denen jemand objektiv über den Tisch gezogen wird, in denen ein Gehalt tatsächlich weit unter dem Marktwert des jeweiligen Arbeitnehmers liegt. So etwas brauchen Sie nicht zu dulden; hier sollten Sie mehr verlangen – oder in der Tat nach einem Arbeitgeber Ausschau halten, der Sie nicht nach objektiven Kriterien ausbeutet.

Aber diese Fälle machen nur einen kleinen Teil aus. Wenn sich mit weit über 80 Prozent die Mehrheit aller Menschen – quer durch das Land und quer durch alle Branchen, Betriebe und Hierarchieebenen – subjektiv unterbezahlt vorkommt, kann das nach den Gesetzen der Mathematik nicht daran liegen, dass diese Leute sich alle auch objektiv unter ihrem Marktwert verkaufen. Denn der Marktwert bestimmt sich nach Angebot und Nachfrage, nach den tatsächlich gezahlten und somit erzielbaren Gehältern auf dem Arbeitsmarkt.

Wenn es aber fast allen so geht, ist die subjektive Unterbezahlung eine Spirale, der wir ganz offensichtlich nicht so recht entkommen können, weil immer noch jemand mehr verdienen wird, weil es immer denkbar ist, den Gewinnkuchen unseres Arbeitgebers anders, mehr zu unseren Gunsten aufzuteilen. Und was denkbar ist, denken wir auch; es verfolgt uns und lässt uns nicht mehr los, zumal sich unser Gehalt zwar nicht gestiegenen Bedürfnissen anpasst, sehr wohl aber die Bedürfnisse einem höheren Gehalt, und zwar binnen kürzester Zeit. Und, das ist richtig, weil es da draußen eben tatsächlich immer Jobs gibt, die besser bezahlt sind als unser eigener.

Die große Frage lautet also: Können wir dem Eindruck, unterbezahlt zu sein, dadurch entkommen, dass wir in einen besser bezahlten Job wechseln?

Nun, machen Sie den Test: Wie viel müssten Sie verdienen, damit nach Ihrer jetzigen Meinung dieser Eindruck verschwindet?

50 000 bis 60 000 Euro im Jahr? Das ist das Grundgehalt eines Universitätsprofessors in Deutschland mit der Besoldungsstufe W 3. Fragt man die Wissenschaftler, was der größte Nachteil an ihrem Job ist, so nennen sie die schlechte Bezahlung! Und stellt man denjenigen von ihnen, die ins Ausland abwandern, diese Frage, so erhält man dieselbe Antwort. Der Deutsche Hochschulverband beklagt regelmäßig die »Diskrepanz von Arbeitsbelastung und Honorierung«.

80 000 bis 100 000 Euro jährlich? Dazwischen bewegt sich das Gehalt eines Bundestagsabgeordneten: Rund 90 000 Euro an Diäten beträgt es derzeit. Ein Großteil der Abgeordneten hat

Nebenjobs. Begründung: Die Diäten allein sind viel zu niedrig. Ein Ministerpräsident bekommt ein Jahresgrundgehalt von gut 150 000 Euro. Wären Sie damit zufrieden? Vielleicht sagen Sie in diesem Moment: »Natürlich!« Roland Koch war Ministerpräsident in Hessen, während dieses Manuskript entstand. Er sagte der *Frankfurter Rundschau*, die Politikerbesoldung sei »eindeutig nicht angemessen, etwa im Vergleich zu dem, was wir Verwaltungsdirektoren von Kliniken oder Sparkassendirektoren bezahlen.« Da haben wir ihn wieder, den Vergleich – und die Unzufriedenheit, die er zuverlässig hervorbringt.

Wie sieht es mit 300 000 Euro aus? Hier kommen wir doch langsam in Größenordnungen, in denen sich eine gewisse Zufriedenheit einstellen könnte. Vermutlich sagen die meisten von Ihnen jetzt: »Ja, mit 300 000 Euro im Jahr würde ich nicht mehr jammern.« Seien Sie vorsichtig mit solchen Versprechungen! Wie sieht es aus, wenn Sie den Job erst haben? Lesen Sie das Beispiel eines Anwalts, der es in jungen Jahren, mit Anfang 30, geschafft hat, Partner in einer internationalen Wirtschaftskanzlei zu werden. Das gelingt heutzutage nicht vielen Junganwälten, um genauer zu sein: kaum jemandem. Als wir mit ihm sprachen, verkündete er mit entschiedener Stimme: »Ich brauche dringend einen neuen Job!« Nun hätten wir als Begründung alles Mögliche erwartet: familienunfreundliche Arbeitszeiten, hoher Leistungsdruck, Sinnkrise. Aber nicht unbedingt das, was wirklich folgte: »Ich brauche endlich einen Job, in dem man richtig Geld verdient.« Seine Erklärung: Anfangs verdiene man als Partner in seiner Kanzlei etwa 300 000 Euro, das steigere sich bald auf eine halbe Million im Jahr, dann auf eine Million, eventuell später noch weiter. »Aber was ist das schon, wenn man einen gewissen Lebensstandard hat?«, fragte er ratlos. Wir suchten nach Anzeichen von Ironie in seinem Gesicht, fanden aber keine. Er sah uns fest und völlig ungerührt in die Augen. Auch wenn Ihnen und uns 300 000 Euro in diesem

Augenblick Zufriedenheit verheißen mögen – säßen wir an der Stelle dieses erfolgreichen Junganwalts, würden wir höchstwahrscheinlich nicht anders reden als er. Denn so funktionieren wir Menschen. Kaum besitzen wir etwas, haben wir uns schon wieder daran gewöhnt. Statt uns darüber zu freuen, richten wir unseren Blick lieber auf die Menschen, die noch mehr, noch Besseres haben. Zahlreiche Studien belegen, dass die Zufriedenheit auch nach einem großen Gehaltssprung deswegen nur sehr, sehr kurz anhält. Der ehemalige Skispringer Sven Hannawald sprach in der *Frankfurter Allgemeinen Sonntagszeitung* über sein einstiges Ziel, so viel Geld zu verdienen, dass er nie mehr würde arbeiten müssen. Auf die Frage, ob er in seiner Karriere genug verdient habe, antwortete er: »Wann hat man genug, wenn alles teurer wird?«

Und um die Sache noch auf die Spitze zu treiben: Wie wäre es mit – sagen wir – 3, 30, 40, 50, 60 Millionen im Jahr? Wären Sie damit zufrieden? »Aber klar«, rufen Sie. Jetzt. Anders geht es den Menschen, deren Gehaltsscheck sich tatsächlich in dieser Größenordnung bewegt. Das ist bei einigen deutschen Managern der Fall, und viele finden solche Beträge anstößig. 83 Prozent der deutschen Bevölkerung sagten in einer Umfrage von TNS Infratest, die Managergehälter seien deutlich zu hoch. Die Manager antworten darauf: »Wir verdienen noch viel zu wenig!« Die deutschen Managergehälter lägen »im internationalen Vergleich an der unteren Grenze«, sagt etwa Adidas-Chef Herbert Hainer. Und hat sogar recht damit: Ein Chef in den USA verdient im Schnitt das Dreifache des Gehalts seines Kollegen in Europa. Das Magazin *Forbes* veröffentlicht jedes Jahr die Hitliste der bestbezahlten Manager. Im Jahr 2010 führt sie Lawrence Culp Jr. an, der CEO von Danaher. Er verdiente 141,36 Millionen Dollar im Jahr. Wie armselig und unterbezahlt kämen wir uns in der Tat vor, wenn wir plötzlich auf einem Vorstandssessel landeten und uns mit schlappen 50 Millionen

Euro zufriedengeben müssten? Wir würden uns dringend nach einem neuen Job umsehen!

Wenn Sie also den Job wechseln wollen, weil Sie sich unterbezahlt vorkommen, dann überlegen Sie gut: Wie viele Leute kennen Sie, die ihr Gehalt als angemessen empfinden? Und wenn das niemand oder kaum jemand ist – dann spricht Vieles dafür, dass auch Sie in Ihrem nächsten Job, nach Ihrem nächsten Gehaltssprung, kaum zufriedener sein werden als jetzt. Das ist traurig, aber so funktioniert unser Gehirn.

Ganz allein lassen wir Sie natürlich mit diesem Befund nicht zurück: Wir können unsere materielle Zufriedenheit zwar nicht durch Gehaltssprünge steigern, jedoch mit ein paar einfachen psychologischen Übungen, die Sie im zweiten Teil dieses Buches noch ausführlich kennenlernen werden. An dieser Stelle geht es nur um die Erkenntnis, dass ein Jobwechsel in aller Regel kein geeignetes Mittel zu einer größeren Gehaltszufriedenheit ist.

Spieglein, Spieglein an der Wand, niemand schätzt mich in diesem Land!

Einer der häufigsten Sätze, die wir von im Arbeitsleben enttäuschten Menschen gehört haben, lautet: »Mein Chef schätzt meine Arbeit nicht.« Oft kommt noch die Aussage hinzu: »Er nimmt noch nicht einmal wahr, was ich tue.«

Tief in unser menschliches Betriebssystem eingebrannt ist das Bedürfnis nach Anerkennung – der Wunsch, als Individuum wahrgenommen zu werden, nicht massenabgefertigt zu werden. Dieser Wunsch ist berechtigt, denn jede und jeder von uns *ist* ein Individuum. Wir erwarten, dass man bewusst wahrnimmt, was wir tun, und dass wir eine Rückmeldung für unser Tun bekommen, am liebsten natürlich ein Lob.

Was aber passiert stattdessen?

Wir schreiben uns an Entwürfen die Finger wund, reden uns in Verhandlungen den Mund fusselig, denken mit und bewahren den Chef dadurch vor so manchem Desaster. Der aber nimmt scheinbar alles als selbstverständlich hin; selten kommt eine Rückmeldung, geschweige denn ein Lob. Unsere Durchwahl kennt er nur, wenn etwas schiefläuft. Das Lob ist immer zu leise, unsere Fehler schreien immer zu laut. Manchmal – und das ist besonders bitter – sind noch nicht einmal unsere Fehler dem Chef einen Anruf wert. So unbedeutend sind wir. Er scheint tatsächlich manchmal nicht so richtig wahrzunehmen, was wir überhaupt machen. Oft existieren wir nur als Namenskürzel im internen Schriftverkehr des Unternehmens: »T. N. klärt mit Marketing bis Ende November Zielgruppe. H. S. unterrichtet Abteilungsleitung über Ergebnis der Herbstumfrage. R. T. H. verteilt Konzept zur Markteinführung an Task Force Image Policy.« So heißt es in den Memos, die Tag für Tag durch die E-Mail-Verteiler und Flure unserer Unternehmen geistern. »Manchmal möchte ich den ganzen Laden in Brand stecken, damit die da oben wenigstens einmal zu mir kommen und mir ein Feedback geben«, sagte uns eine frustrierte Abteilungsleiterin. »Und wenn es nur mein Rausschmiss ist, das wäre ja schon was.«

Leider gehört das tatsächlich zum Alltag in den meisten Betrieben. Wir haben praktisch keinen Mitarbeiter gefunden, der nicht über mangelnde Anerkennung klagte. In einer Umfrage der Initiative Neue Qualität der Arbeit, unterstützt von Bund und Ländern, gaben 61 Prozent der Befragten sogar an, »nie oder selten Anerkennung für ihre Arbeit zu erfahren«. Auch den Chefs selbst ist das Problem bekannt. Zahlreiche Motivationshandbücher führen es ihnen vor Augen und wollen Abhilfe schaffen. Und anders als beim Geld besteht dieses Problem nicht nur in erster Linie in unseren Köpfen. Es ist ein Fakt: Anerkennung ist in der Arbeitswelt ein rares Gut.

Uns interessiert an dieser Stelle natürlich wieder die Frage: Können wir das ändern? Vor allem: Können wir das durch einen Jobwechsel ändern?

Nun, dass so viele Menschen sich über »mangelnde Anerkennung« beklagen, können wir natürlich zunächst wieder als Indiz werten, leider als wenig ermutigendes: Wenn es fast allen so geht, dann sind wir wohl kein Einzelfall. Und wenn wir kein Einzelfall sind, stehen die Chancen rein statistisch schon einmal nicht allzu gut, dass es woanders sehr viel besser sein wird als da, wo wir jetzt gerade sind.

Dieses Indiz lässt sich auch durch ein paar einfache Überlegungen erhärten: Es gibt auf der Welt derzeit mehr als 6,6 Milliarden Menschen. Jeder von uns ist einzigartig, ein Individuum. Keiner von uns ist Massenware. Aber trotzdem sind wir insgesamt eben doch eine ganz schön große Masse, die sich jeden Tag erneut in Bewegung setzt und privat und beruflich weitgehend Routinetätigkeiten erledigt. Der Alltag ist größtenteils ein Massengeschäft, im Job wie im Privatleben. Er funktioniert in weiten Teilen überhaupt nur, weil er als Massengeschäft organisiert ist. Dass im Alltag jeder dieser 6,6 Milliarden Menschen die Anerkennung, Wahrnehmung, Rückkopplung und Wertschätzung erhält, die er eigentlich als Individuum verdient hat – das ist leider ganz und gar nicht praktikabel.

Überlegen wir selbst: Mit wie vielen Menschen haben wir jeden Tag zu tun, privat und im Job? Wie vielen davon begegnen wir selbst als Individuum, nehmen bewusst wahr, was diese Menschen tun, geben ihnen eine Rückmeldung, loben sie gar? Wissen Sie noch, welche Haarfarbe der Kassierer an der Supermarktkasse hatte, bei dem Sie in der Mittagspause schnell ein paar Einkäufe erledigt haben? Haben Sie ihn als Individuum wahrgenommen, seine Arbeit anerkannt, ihm gesagt: »Danke, dass Sie auch heute wieder mein Wechselgeld richtig herausgegeben haben«? Das ist ja alles andere als selbstverständlich! Er hätte sich auch verzählen können. Haben Sie mit ihm einen kurzen Plausch über seine Familie gehalten, um ihm zu vermitteln, dass Sie sich für ihn als Menschen interessieren? Oder haben Sie ihm vielmehr, wenn überhaupt, nur einen flüchtigen Blick zugeworfen und das Wechselgeld eilig weggesteckt? Oder geben Sie zum Wechselgeld generell nur dann eine Rückmeldung, wenn es eben nicht stimmt? Glauben Sie, die Filialleiterin hat ihn dafür gelobt, dass er Ihnen das korrekte Wechselgeld herausgegeben hat? Ganz sicher nicht. Der Kassierer geht heute Abend mit dem Eindruck nach Hause: »Keiner nimmt meine Arbeit wahr. Keiner schätzt mich. Wenn ich nur ein Roboter gewesen wäre, hätte es auch keiner gemerkt.« Und er hat recht.

Oder vielleicht beschäftigen Sie eine Haushaltshilfe. Wenn Sie schon einmal selbst geputzt haben, dann wissen Sie, wie mühsam das ist: all die kleinen und großen Dinge in der Wohnung hochheben, abstauben, in den Kühlschrank schauen, in den Mikrowellenherd – vielleicht müssen die auch mal innen ausgewaschen werden. An die Vorlieben aller Personen im Haushalt muss gedacht werden: Meine Poloshirts bitte immer auf Bügel, nicht zusammenlegen, die Kinderbettwäsche nicht mit Weichspüler waschen, heute den Heizungsableser in die Wohnung lassen, er kommt zwischen elf und eins. Ganz schön viel zu merken und zu erledigen. Und was sagen wir der treuen Perle, wenn sie das alles mit Bravour meistert? Erwähnen wir jede einzelne Aufgabe und loben das Ergebnis – so wie wir es uns von unserem eigenen Chef wünschen? Sagen wir: »Toll, dass du mitgedacht und von alleine gesehen hast, dass der Duschvorhang mal wieder in die Waschmaschine gehörte?« In der Regel nicht. Ab und zu sagen wir vielleicht einmal pauschal, dass wir zufrieden sind. Vielleicht an Weihnachten, wenn wir ein wenig Weihnachtsgeld zusätzlich neben die Kaffeemaschine legen. Dass wir jedes Mal die gesamte Tätigkeitsliste in einem Feedback abarbeiten, das ist einfach nicht praktikabel. Aber wenn einmal etwas nicht so ganz stimmt, wenn ein Hemdkragen einmal schlecht gebügelt ist, bitten wir schon eher darum, dass das beim nächsten Mal besser läuft. Und das, obwohl unsere Haushaltshilfe meist die einzige Person ist, die regelmäßig für uns arbeitet – während unser Chef vielleicht eine Abteilung mit 50 Personen leitet.

Das sind nur zwei Beispiele von vielen. Überlegen wir, welchen Menschen wir sonst noch begegnen – oder nicht begegnen, aber trotzdem ihre Dienste in Anspruch nehmen: Postbote, Busfahrer, die Frau an der Essenstheke in der Kantine, Kollegen, Nachbarn, selbst enge Verwandte.

Behandeln wir nicht viele Menschen so, wie unser Chef uns behandelt? Mit sehr eingeschränkter Aufmerksamkeit? Mit Rückmeldungen in erster Linie, wenn etwas schiefgelaufen ist? Das ist kein Vorwurf an Sie, kein Vorwurf an uns selber, denn wir haben keine andere Wahl! Wir haben jeden Tag beruflich und privat mit so vielen Menschen zu tun, dass wir standardisierte Umgangs- und Handlungsformen entwickelt haben. Der Kassierer hätte durchaus ein Lob dafür verdient, dass er das korrekte Wechselgeld herausgibt und dabei noch freundlich ist, der Postbote dafür, dass er uns die Post richtig einwirft, unsere Haushaltshilfe dafür, dass sie unaufgefordert daran gedacht hat, auch den Kühlschrank von innen auszuwischen. Aber wenn wir all diesen Menschen die Aufmerksamkeit zukommen ließen, die sie ohne Frage verdienen, würden wir unseren Alltag schlicht und ergreifend nicht auf die Reihe bekommen. Diese Menschen müssen damit leben, dass sie nur einer von 6,6 Milliarden sind, einer von zig Menschen, mit denen wir an diesem Tag zu tun haben. Und sie müssen sich unsere Aufmerksamkeit mit all den anderen Menschen teilen, mit denen wir an dem Tag sonst noch in Berührung kommen.

Aber: Damit müssen auch wir selber leben! Egal, was und wo wir arbeiten – wir werden immer einer unter vielen sein, Teil eines Alltags, der nun einmal ein Massengeschäft ist und auch so organisiert wird, um überhaupt zu funktionieren. Wir werden Aufmerksamkeit immer mit anderen teilen müssen.

Das Bewusstsein, zwar ein Individuum, aber eben nur eines unter sehr, sehr vielen anderen zu sein, ist bitter. Aber wir können es leider nicht ändern, nicht in unserem jetzigen Job und nicht in irgendeinem anderen.

Natürlich hat das auch Auswirkungen darauf, wie wir die Bedeutung unserer Arbeit empfinden. Wir teilen uns nicht nur die Aufmerksamkeit unseres Chefs mit unseren Mitmenschen, sondern wir erleben auch, dass wir ersetzbar sind und die Welt sogar dann nicht zusammenbricht, wenn wir möglicherweise einmal ersatzlos ausfallen. Wir sind für das Weltgeschehen, selbst für das Geschehen auf unserer Etage nicht so bedeutend, wie wir es gern wären. »Ich bin nur Stallvieh«, klagte ein durchaus hochrangiger Mitarbeiter eines großen Konzerns im Gespräch mit uns. »Ein winziges Rad in der Weltgeschichte. Und das frustriert mich.«

Verständlich. Aber so ist es. Und so bleibt es. Wir sind und bleiben einer von 6,6 Milliarden Menschen auf der Erde. Ein winziges Rädchen auf der Welt.

Als kleinen Trost dürfen wir Ihnen aber sagen, dass alle Menschen an diesem Problem zu knabbern haben – völlig egal, auf welcher Hierarchieebene. Als ich, Volker Kitz, noch in Berlin als Lobbyist arbeitete, erlebte ich viele Abendempfänge. Das Publikum war meist sehr gemischt – von einfachen Referenten über Abteilungsleiter bis zu wirklichen Größen aus Politik, Wirtschaft und Presse. Und allen, den unbekannten Sachbearbeitern ebenso wie den echten Prominenten unter den Gästen, stand die gleiche Sorge ins Gesicht geschrieben, wenn sie im Raum umherblickten: (Er-)Kennen mich genügend Leute? Grüßen sie mich? Nehmen sie mich wahr? Zollen sie mir den nötigen Respekt? Selbst Menschen, die es eigentlich »geschafft« hatten, die vermeintlich mehr als genug Aufmerksamkeit im Leben bekamen und über all dem stehen sollten, regten sich unglaublich darüber auf, wenn ihnen jemand nicht die nötige Anerkennung entgegenbrachte. Der ehemalige Sat.1-Chef Roger Schawinski beschreibt den Kampf derjenigen, denen wir ihn eigentlich gar nicht zutrauen, in seinem Buch *Die TV-Falle* so: »Die permanente Gefahr, aus dem Kreis der Privilegierten vertrieben zu werden, aus der Community der Schönen, Reichen und Berühmten, führt nur allzu leicht zu seelischen Verkrümmungen.« Der ständige Kampf um Aufmerksamkeit trifft uns alle gleichermaßen – egal, ob wir morgens auf dem Vorstandsparkplatz parken und unser Foto regelmäßig die Zeitungen schmückt oder ob wir Kassierer im Supermarkt sind. Tagtäglich geschehen tiefe menschliche Verletzungen, weil alle Menschen Aufmerksamkeit mit anderen teilen müssen, auch und gerade in den obersten Riegen unserer Gesellschaft.

Und noch etwas sagen wir Ihnen zum Trost – und vielleicht zum Nachdenken: Ihrem Chef geht es nicht anders. Der ist nämlich auch nur ein Mensch und hat grundsätzlich die gleichen Bedürfnisse wie Sie. Wie oft loben Sie Ihren Chef, geben ihm Anerkennung? Wie bewusst nehmen Sie wahr, was er alles den ganzen Tag über tut?

Ein regelrechter Vorzeigechef klagte uns einmal sein Leid. Er gab seinen Angestellten wirklich vieles, was das Herz begehrt: Urlaubs- und Weihnachtsgeld, eine gute Altersvorsorge, eine große Auswahl kostenloser Getränke im Büro, einen sicheren Arbeitsplatz, ein breites Fortbildungsangebot, Incentive-Reisen, ein Diensthandy mit privater Nutzung, ein konkurrenzfähiges Gehalt. »Aber kommt auch nur ein einziger von denen einmal auf die Idee, sich zu bedanken?«, fragte er. »Nein! Stattdessen beschweren sie sich und halten Ausschau nach einem anderen Job.«

Daran, dass wir nicht allein auf der Welt sind, dass der menschliche Umgang miteinander zu einem großen Teil routiniert ist und es auch sein muss – daran kann auch ein Jobwechsel nichts ändern. Immer und überall werden wir Aufmerksamkeit, Anerkennung und Bedeutung mit anderen teilen müssen. Wir werden andere und ihre Leistungen als selbstverständlich empfinden – und umgekehrt. Stören wird uns dieser Umstand immer. Das ist nur menschlich. Aber davonlaufen können wir vor ihm nicht.

Die Gedanken sind frei – das war's dann aber auch

»Eine Tätigkeit mit vielfältigen Gestaltungsmöglichkeiten« – so heißt es oft in Stellenanzeigen oder im Vorstellungsgespräch. Das weckt unsere Erwartungen. Selbst gestalten – das ist befriedigend, kreativ, zeugt von einer eigenverantwortlichen Tätigkeit.

Wer will das nicht?

Und kaum sind wir eingestellt, machen wir uns auch fröhlich ans Gestalten: Vielleicht sind wir Vertriebsleiter, sitzen hoch motiviert noch bis spät abends im Büro und denken uns für unsere Abteilung ein neues Marketingkonzept aus. Wir wollen frischen Wind in den Laden bringen, dafür wurden wir ja schließlich eingestellt. Die Auftragsformulare entwerfen wir neu nach allen Regeln der Verkaufskunst – so, wie wir es aus dem Studium und unserer fünfjährigen Berufserfahrung bei einem ganz ähnlichen Unternehmen kennen. Die Chefin wird sich sicher freuen, dass sich endlich mal jemand engagiert um diese Dinge kümmert! Und intern? Da könnte man doch auch so einige Abläufe verbessern! Ein paar Vorschläge schreiben wir auch gleich in die E-Mail an die Chefin und gehen befriedigt nach Hause. So hatten wir uns den Gestaltungsspielraum vorgestellt!

Aber die Ernüchterung kommt bald. Im Gespräch geht unsere neue Chefin unsere Vorschläge mit uns durch: Das Marketingkonzept, das lese sich ja ganz gut. Es passe so aber leider nicht in die »Impacts zum Imagewandel«, welche die Geschäftsleitung gerade erst vor einem Vierteljahr beschlossen habe. Da setze man jetzt mehr auf Nachhaltigkeit und nicht mehr so auf direkten Preiswettbewerb. Die Auftragsformulare könnten leider nicht geändert werden, weil sonst die maschinelle Verarbeitung durch die EDV nicht mehr gewährleistet sei. Ein langer Prozess mit vielen Diskussionen sei das damals gewesen, bis dieses Formular verabschiedet worden sei! Das sei ein ganz sensibler Punkt, von dem wir besser die Finger lassen sollten. Und unsere Verbesserungsvorschläge zum internen Berichtswesen? »Die sind nicht schlecht, so könnte man das natürlich ebenso gut machen«, sagt uns die Chefin. »Aber wissen Sie was? Das ist einfach Geschmackssache. Ich bekomme jede Woche mindestens drei Vorschläge von Kollegen, wie man es auch machen könnte. Für eine Art und Weise muss man sich eben entscheiden in einem Unternehmen – denn wenn es jeder anders macht, fällt uns der Laden auseinander. Deshalb habe ich festgelegt, dass wir es momentan einfach einmal so machen, wie wir es machen.«

Verdutzt verlassen wir ihr Zimmer. Ist das unser Gestaltungsspielraum? So hatten wir uns das nicht vorgestellt. »Meine neue Chefin redet mir bei allem rein«, klagen wir dann abends unseren Freunden – und befinden uns auch damit mal wieder in bester Gesellschaft. Ein Hauptgrund für die innere Kündigung ist die Entfremdung von der Arbeit: Wir haben den Eindruck, dass wir nicht ausreichend gestalten können, nicht genug Einfluss auf Entscheidungen haben, auf das, was am Arbeitsplatz geschieht. Ständig redet uns jemand rein, müssen wir uns mit jemandem abstimmen, werden unsere Vorschläge abgebügelt, weil sie mit irgendetwas oder irgendwem nicht vereinbar sind. Unseren Einfluss auf das Endprodukt können wir nicht mehr erkennen. Wir scheinen nur noch Ausführende in einem unerträglich engen Korsett zu sein. Das Prinzip »Teamwork« weist uns nur bestimmte Steine im Gesamtmosaik zu; für die anderen Steine sind andere verantwortlich – mit denen wir uns wieder abstimmen müssen. Und im Gesamtmosaik finden wir uns am Ende nicht mehr so richtig wieder, unser Beitrag ist untergegangen. Teamwork ist eine moderne Form der Fließbandarbeit, jedoch allgegenwärtig, denn wir arbeiten nicht im luftleeren Raum.

Wie stehen die Chancen, dass sich das mit einem Jobwechsel ändern lässt?

Schlecht. Leider. Auch dieses Problem ist eng mit dem Umstand verbunden, dass wir nicht allein auf der Welt sind. Und diesen Umstand können wir wie gesagt nicht ändern. Wir sind direkt oder indirekt in verschiedene Systeme eingebunden – in unsere Abteilung, diese wiederum in unser Unternehmen, dieses vielleicht noch in einen Konzern, der wiederum in seine Eigentümerstruktur und in den Markt. Damit das alles funktioniert, müssen sich die Beteiligten aufeinander abstimmen, äußere Gegebenheiten berücksichtigen, sich an gemeinsame Regeln halten. Wenn jeder einfach nach seiner Vorstellung »gestaltet«, bricht unsere Marktwirtschaft von heute auf morgen zusammen.

Das führt dazu, dass der Gestaltungsspielraum aller Beteiligten enorm eingeschränkt ist. Ja, ob Sie es glauben oder nicht: *aller* Beteiligten. Die Klage »mangelnder Gestaltungsspielraum« zieht sich quer durch alle Schichten und Bereiche: Der Bauarbeiter kommt sich von seinem Vorarbeiter tyrannisiert vor, der Sachbearbeiter von seiner Chefin gegängelt. Chefin müsste man sein, denken wir, dann könnte man alles entscheiden und wirklich gestalten! Aber wissen Sie was? Unserer Chefin geht es da nicht viel anders als uns selbst. Sie hat ihrerseits einen Vorgesetzten, der gewisse Regeln aufstellt, damit sich der Laden nicht im Chaos auflöst. Auch sie muss mit den Sachzwängen leben, die das EDV-System gerade vorgibt. Auch sie muss irgendwie den Beschluss der Geschäftsleitung zum Imagewandel umsetzen.

Gerne denken wir: Irgendwo muss doch mal jemand sitzen, der das alles bestimmt, der unbegrenzten Gestaltungsspielraum hat! Aber so ist es in der Regel nicht. Wir können es auf den Sessel des Vorstandsvorsitzenden schaffen – und werden feststellen, dass uns der Aufsichtsrat kontrolliert und an der Leine hält. Im zweiten Kapitel haben wir bereits Peter Ferres kennengelernt, der seinen Job als Investmentbanker schmiss, um eine Schule zu gründen. Sein Motiv: »Ich will mehr Freiheit. Man muss sich auch als Managing Director einer Bank tausendfach abstimmen.« Der ehemalige Innenminister Wolfgang Schäuble sagte der *ZEIT*: »Die Handlungsmöglichkeiten eines Ministers sind viel begrenzter, als die Leute glauben.« Selbst die Bundeskanzlerin beklagt ihre begrenzten Gestaltungsmöglichkeiten im Kabinett, in der Koalition, im System der äußeren Zwänge. Auch sie kann allein nichts Nennenswertes gestalten. Es ist ein ständiges Ringen, ein Verhandeln und Nachgeben.

Die gute Nachricht ist aber: Ein eingeschränkter Gestaltungsspielraum ist auch der Beweis dafür, dass unsere Tätigkeit eine soziale Relevanz hat, weil sie Interessen anderer berührt. Sonst bleibt sie eine Selbstbeschäftigung, die gesellschaftlich unbedeutend ist. Aber dort stoßen wir eben schon an die Grenzen der Freiheit: Wo wir Interessen anderer berühren, müssen wir uns abstimmen, Kompromisse machen, Regeln beachten. Natürlich hindert uns niemand daran, zu Hause am Küchentisch für uns selbst ein Auftragsformular oder ein Marketingkonzept völlig nach unserem Gutdünken zu entwerfen und es uns dann an die Wand zu hängen. Diese Freiheit haben wir. Aber eine solche Tätigkeit hat keine gesellschaftliche Relevanz. Freiheit und Relevanz sind Gegenspieler. Wenn wir gesellschaftliche Bedeutung haben wollen, dann wird unser Gestaltungsspielraum immer stark eingeschränkt sein.

»Aber was ist mit all den kreativen Berufen?«, hören wir Sie jetzt fragen. »Das ist doch die pure Selbstverwirklichung!« Wir haben bei unseren Recherchen auch mit vielen Kreativen gesprochen. Eine Drehbuchautorin etwa erzählte uns: »Wenn ich im Fernsehen etwas sehe, das ich selbst geschrieben habe, kann ich froh sein, wenn ich von meiner ursprünglichen Fassung noch ein paar Dialogfetzen wiedererkenne. X-mal wird es umgeschrieben, jeder mischt mit, redet rein. Der Regisseur will seine Kindheit noch in die Geschichte bringen, der Produzent mehr Tiere, die Schauspieler ändern sich ihre Dialoge am Set eigenmächtig ab.« Auch sie konnte sich mit dem Ergebnis ihrer Arbeit nicht identifizieren. Natürlich gibt es auch Drehbuchautoren, die nur das schreiben, was sie für richtig halten, die sich von nichts und niemandem reinreden lassen. Ihre Bücher werden aber nicht verfilmt. Sie bleiben in der Schublade. Das ist die Entscheidung zwischen Freiheit und Relevanz. Vor dieser Entscheidung stehen auch Buchautoren, Künstler, Musiker und andere Kreative.

Eng verbunden mit dem eingeschränkten Gestaltungsspielraum ist der »überflüssige Papierkram«, der uns im Arbeitsleben ebenfalls sehr stark belastet. Er hält uns von unserer eigentlichen Tätigkeit ab, beschneidet unsere Freiheiten, und wir können noch weniger gestalten. Anträge, Berichte, Protokolle, Konzepte, Briefings – wie sehr das nervt! Und wie überflüssig es uns erscheint!

Ärzte klagen darüber, dass sie vor lauter Formalien nicht mehr zum Behandeln kommen, Lehrer nicht mehr zum Lehren, Forscher nicht mehr zum Forschen. Selbst ein Pfarrer berichtete uns, dass er sich vor lauter Verwaltungsarbeit in der Gemeinde kaum noch seinen seelsorgerischen Aufgaben widmen könne. »Ich bin nicht XY geworden, um meine Zeit mit Verwaltungskram zu verbringen«, lautet ein gängiger Aufschrei. Wir sagen uns: »So verrückt ist das mit der Bürokratie nur hier in diesem Job.«

Wenn wir uns da mal nicht vertun ... Denken wir wieder an das komplexe System, in das wir mit unserer Tätigkeit eingebunden sind: Weil wir in diesem System nicht allein sind, müssen wir uns mit anderen austauschen, Dinge koordinieren, Entscheidungen und Aktionen herbeiführen. Das geht nun einmal nur über Berichte, Protokolle, Briefings, Anträge, Memos. Es gibt keine berufliche Tätigkeit, in der es nicht nötig wäre, neben der eigentlichen Arbeit, die wir gelernt und für die wir uns beworben haben, mit anderen Informationen auszutauschen und sich mit ihnen abzustimmen. Es gibt keine Tätigkeit ohne Bürokratie. Es sei denn, diese Tätigkeit wäre sozial irrelevant. Wenn wir also nicht die Flucht in eine Beschäftigungstherapie planen, werden wir überall ganz ähnliche Situationen vorfinden.

Interessanterweise klagen manche Menschen auch über einen zu großen Gestaltungsspielraum bei der Arbeit. Ein Unternehmen beauftragte uns einmal damit, die Mitarbeiterzufriedenheit zu messen. Das ist sehr löblich – während sich viele Unternehmen nur für die Kundenzufriedenheit interessieren und viel Geld in Marktforschung investieren, hatte dieser Betrieb erkannt, wie wichtig und wertvoll zugleich auch zufriedene Mitarbeiter sind. In einer Abteilung dieses Unternehmens verfuhr der Chef nach dem Motto: Mitarbeiter einbinden, Entscheidungen delegieren. Grundsätzlich ein weises Motto, wenn wir uns die häufigen Klagen anschauen, die wir in diesem Unterkapitel behandelt haben. Doch was fanden wir heraus? In dieser Abteilung gaben die Beschäftigten öfter als anderswo an:

»Mir fehlt Führung durch meinen Vorgesetzten.« Die Mitarbeiter in dieser Abteilung kamen sich schlicht überfordert vor. Sie empfanden es als belastend, vergleichsweise wichtige Entscheidungen selbst treffen zu müssen, und warfen ihrem Chef vor, er interessiere sich für nichts und sei inkompetent. Sie sehen also: Wenn wir wollen, können wir mit jeder Situation unzufrieden sein, in diesem und im nächsten Job.

Work, Life – und wo bleibt die Balance?

Sonntagabend, 22 Uhr. Der *Tatort* ist gerade vorbei. Im Hintergrund läuft Polit-Talk, aber wir können ihm nicht so recht folgen, denn unsere Gedanken sind schon wieder ein paar Stunden weiter. Der Wecker wird bald klingeln, und dann ist Schluss mit dem schönen Ausschlafen am Wochenende. Vermutlich wird es draußen noch dunkel sein. Hektisch duschen, frühstücken, in die volle U-Bahn hetzen, von anderen ebenso schlecht gelaunten und hektischen Menschen angerempelt werden. Die Montagmorgenbesprechung beim Chef – da wird es wieder neue Aufträge hageln. Danach werden wir in unserem Büro sitzen und erst mal eine ganze Weile wortlos aus dem Fenster starren. Wie schön war doch das Wochenende! Es hätte von uns aus ewig dauern können.

Wer kennt diesen Sonntagabend-Blues nicht? Bei vielen setzt die Wochenend-End-Depression bereits früher ein, schon beim Nachmittagskaffee. Die Freizeit ist so schön. Wir haben uns gerade erst ein wenig an sie gewöhnt, da ist es auch schon wieder vorbei mit ihr. Schon seit Monaten wollten wir uns mal wieder einem Hobby zuwenden, uns vielleicht an das verstaubte Klavier setzen, den neuen Roman lesen, joggen gehen, Zeit mit der Familie verbringen, mal wieder so richtig ausgiebig mit der besten Freundin telefonieren, etwas Schönes kochen. Aber die

Zeit verging wie immer viel zu schnell. Schon reißt uns die Arbeit wieder aus dem, was wir als unser eigentliches Leben empfinden.

Noch schlimmer trifft es uns nach dem Urlaub: Da waren wir eben noch am sonnigen Sandstrand, schlürften einen Cocktail, die Wellen rauschten leise. Wir hatten völlig vergessen, aus welch grauem Furnierholz man Schreibtische machen kann, welch nichtssagende Worte man tatsächlich in Firmenmemos schreibt, wie fade Automatenkaffee aus einer vergilbten Tasse mit einem unglaublich dämlichen Werbelogo schmecken kann. Und nun, nach dem Urlaub, wirkt alles noch einmal schlimmer: der Schreibtisch noch grauer, das Unternehmensgefasel noch erbärmlicher, die Tasse mit der seichten Kaffeebrühe noch vergilbter. Wer braucht Arbeit?, denken wir uns. Von uns aus hätten wir nicht mehr zurückzukehren brauchen.

Die Wissenschaft nennt dies das »Post-Holiday-Syndrom«. Es äußert sich oft sogar in handfesten körperlichen Störungen wie Müdigkeit, Appetitlosigkeit, Muskelschmerzen. Kaum jemand bleibt von diesem Gefühl verschont, auch Freiberufler und Selbstständige nicht. Wer sein eigener Chef ist, braucht zwar nicht am Montag zum Rapport beim Chef anzutanzen – aber wer einfach im Bett bleibt, kann seine Miete auch als Selbstständiger nicht mehr lange zahlen. Das sagen wir hier nur der Vollständigkeit halber; mit der »Operation eigener Chef« werden wir uns noch genauer beschäftigen.

In solchen Momenten müssen wir uns nicht nur regelrecht zwingen, an unseren Arbeitsplatz zurückzukehren, sondern wünschen uns sogar, diesen Arbeitsplatz für immer zu verlassen.

Die Work-Life-Balance stimmt hier nicht, sagen wir dann oft und meinen eigentlich etwas ganz anderes. Wenn wir ehrlich sind, geht es uns nicht um eine Balance, denn wenn wir wirklich freie Wochenenden haben, sechs Wochen Urlaub im Jahr nehmen und auch am Abend nach Hause kommen, bevor schon alle schlafen, sieht es mit der Balance gar nicht mal so schlecht aus. Viele Menschen haben das nicht. Innerhalb der EU liegen wir ziemlich weit an der Spitze, was die freien Tage – Urlaub und Feiertage – pro Jahr angeht. Und wenn wir einem amerikanischen Angestellten schreiben, dass wir 28 Urlaubstage im Jahr haben, hält der die 2 vor der 8 für einen Tippfehler. Wenn Sie in den USA eine Pauschalreise buchen wollen, werden Sie selten Angebote für mehr als sieben Tage finden – weil kaum jemand mehr Jahresurlaub hat.

Wir empfinden es generell als belastend, arbeiten zu müssen. Das ist gut verständlich, denn es ist ja in der Tat ein Zwang, für die allermeisten von uns ganz einfach finanziell notwendig und ohne Alternative. Und Zwang schränkt unsere Freiheit ein. Das mögen wir nicht. Am schönsten scheint uns ein Leben, in dem wir rund um die Uhr tun und lassen können, was wir wollen. Mehr als 40 Prozent aller Arbeitnehmer in Europa empfinden ihre Arbeit als zu anstrengend und zu belastend; das hat das Meinungsforschungsinstitut TNS Infratest für die Europäische Kommission herausgefunden. Und das Institut Gewis stellte fest, dass 72 Prozent aller deutschen Arbeitnehmer sich eine Auszeit wünschen!

Der Job als grundsätzliche Dauerbelastung – wie können wir dem entkommen? Nun, es gibt Menschen, die ihren Job von vornherein danach auswählen, dass sie möglichst wenig mit ihm in Berührung kommen, die Arbeitszeit möglichst überschaubar ist und man sich möglichst gut ohne großen Aufwand hindurchmogeln kann. Wie zufrieden solche Menschen mit der Arbeit sind, liegt auf der Hand: Wer sich seine Arbeit danach aussucht, von ihr so weit wie möglich in Ruhe gelassen zu werden, den trifft jede Minute doppelt hart, die er dann doch mit dieser Arbeit verbringen muss.

Wirklich entkommen können wir der Tretmühle nur durch einen Komplettausstieg. Dafür braucht man Geld, viel Geld:

einen sehr hohen Lottogewinn zum Beispiel. Oder eine sehr große Erbschaft. Dann wären wir frei. Und nicht wenige basteln tatsächlich gezielt an ihrem kompletten Ausstieg aus der Arbeitswelt. Sie machen Überstunden, füllen Lebensarbeitszeitkonten, um früher in den Ruhestand gehen zu können, spielen in der Tat regelmäßig Lotto. Oder sie versuchen, sich nach Feierabend mit einer pfiffigen Idee selbstständig zu machen und es so zum Millionär zu schaffen, arbeiten »an ihrem ganz persönlichen Ausstieg durch die Dachluke der Vermögenstabellen«, wie es Nils Minkmar in der *Frankfurter Allgemeinen Zeitung* beschrieb. Wie auch immer man es anstellen will: Zum dauerhaften Ausstieg braucht man jedenfalls schon ganz imposante Summen. Und dieses nötige Kleingeld wiederum lässt sich in der Regel nicht vom laufenden Gehalt ansparen. Professor Matthias Grundmann, Vermögensforscher an der Universität Münster, sagt: »Wir wissen, dass es bestimmte Wege in den Reichtum gibt, und dazu gehört gewiss nicht die Erwerbstätigkeit.« Eher eignet sich zum Beispiel der Millionen-Jackpot oder die Millionenerbschaft.

Wenn der große Geldsegen aber nicht einsetzt und wir auf monatliche Geldeingänge angewiesen sind, dann bleibt der Zwang zur Arbeit. Die Abhängigkeit des Menschen von seiner Arbeit ist ein uraltes Thema. Viele haben sie beleuchtet und beklagt, doch keiner konnte sie bisher abschaffen. Auch wir können Ihnen diese Einschränkung Ihrer Freiheit nicht nehmen – aber wir versuchen, Ihren Blick dafür zu schärfen, dass Ihr Unmut über den Umstand, überhaupt arbeiten zu müssen, nichts mit Ihrer derzeitigen Stelle zu tun hat. Wenn wir all diesen Unmut auf unsere konkrete Tätigkeit, auf unseren konkreten Arbeitgeber lenken, machen wir uns etwas vor. Eine Grundabneigung gegen Arbeit, gegen Fremdbestimmtheit, können wir nicht dadurch lösen, dass wir die Arbeit *wechseln*. Auch beim nächsten Job wird uns die Wochenend-End-Depression nicht erspart bleiben, und auch nicht das Post-Holiday-Syndrom. Wir werden immer den Eindruck haben, dass die Work-Life-Balance nicht stimmt, denn ein Job, mit dem wir unseren Lebensunterhalt bestreiten müssen, wird immer einen beträchtlichen Teil unserer Lebenszeit in Anspruch nehmen.

Zwei Dinge sollten uns trösten. Zum einen geht es den allermeisten anderen Menschen auch so, und zum anderen müssten Sie im Falle eines Lottogewinns oder Millionenerbes erst einmal einen anderen Ratgeber lesen. Auch mit diesem Leben muss man nämlich zurechtkommen. Denken Sie an das, was wir vorhin über den Gegensatz von Freiheit und Relevanz sagten. Ein Leben in völliger Freiheit und Freizeit hat keine gesellschaftliche Relevanz. Mit einem solchen Leben muss man sich genauso arrangieren wie mit unserer Abhängigkeit von der Arbeit. Der ehemalige Skispringer Sven Hannawald sprach in der *Frankfurter Allgemeinen Sonntagszeitung* sehr offen über das Loch, in das er mit der Freiheit fiel: »Früher habe ich immer gesagt: Wenn ich aufhöre, will ich so viel Geld verdient haben, dass ich nicht mehr arbeiten muss. Dann baue ich ein Haus, habe eine Familie und lege die Füße hoch. […] Die Füße lege ich [nun] hoch, aber es macht nicht so einen Spaß, wie ich mir das vorgestellt hatte.« Der Soziologe Thomas Druyen formuliert das so: »Die einen unterliegen dem Zwang des Broterwerbs, die anderen der immerwährenden Frage nach dem Lebenssinn.« Die Erfahrung mit Betroffenen zeigt sogar, dass die Herausforderungen im zweiten Fall noch weitaus größer sind.

Guten Morgähn! Ein Tag, ein Jahr – und alle gleich

Fragen Sie sich auch manchmal morgens im Bett, nachdem Sie sich mit dem Drücken der Schlummertaste noch einmal fünf Minuten gegönnt haben: Welcher Tag ist heute überhaupt? Montag, Dienstag, Mittwoch? Im Prinzip ist ein Tag wie der andere: Wir gehen in unser Büro, schleppen uns durch das Morgenmeeting, bekommen vom Chef unsere Aufgaben zugeteilt. Und diese Aufgaben sind jeden Tag ziemlich ähnlich. An den Schreibtisch, Mittagspause, Kundengespräch am Nachmittag, Bericht an den Chef. Nach Hause. Und morgen wieder alles von vorn, fünf Tage in der Woche, abzüglich Urlaub 46 Wochen im Jahr. Und das 35, 40 oder mehr Jahre im Leben. Das ist in den ersten Wochen vielleicht ganz interessant, aber auf Dauer ganz schön langweilig. 35 Jahre, 40 Jahre! Was für eine niederschmetternde Perspektive!

Wir haben schon im letzten Kapitel besprochen, dass auch der spannendste Job irgendwann zur Routine wird. Was auch immer wir tun: Marketingtexte schreiben, Menschen am Operationstisch retten, Fernsehsendungen moderieren, Formel-Eins-Rennen fahren – an alles gewöhnen wir uns mit der Zeit. Und es verliert den Kick des ersten Mals. Der lähmenden Macht der Gewöhnung können wir nicht entkommen.

Lesen Sie das Beispiel einer erfolgreichen Fernsehjournalistin, mit der wir bei unseren Recherchen sprachen. Schon als Kind war sie neugierig, wollte Zusammenhänge aufdecken und ihrer Umwelt erklären – nicht immer zur Freude ihrer Familie. Diese Neigung hat sie zum Beruf gemacht und es damit weit gebracht. Sie ist als Chefin vom Dienst heute für eine sehr erfolgreiche Sendung verantwortlich. Für viele ein Traumjob. Manche würden alles dafür geben, als Journalistin bei einem erfolgreichen Fernsehsender für eine erfolgreiche Sendung zu arbeiten – und das auch noch in verantwortungsvoller Position. Aber schon nach wenigen Jahren in dem Job langweilte sich die Journalistin: »Immer dasselbe. Du kannst dir gar nicht vorstellen, wie sich die Ereignisse auf der Welt wiederholen – und mit ihnen die Nachrichten. Und jeden Tag die Redaktionskonferenz, die gleichen Diskussionen, dieselben Leute. Es fordert mich einfach nicht heraus.« Schon damals schwor sie sich, den Job möglichst bald zu wechseln.

Keinem geht es mit der Gewöhnung anders, egal, was er macht. Auch ein Vorstand eines DAX-Unternehmens klagte bei unseren Recherchen über sein langweiliges Leben. Große Wirtschaft? Wichtige Verantwortung? Rampenlicht, Herausforderungen auf internationalem Parkett? »Mag sein. Aber jedes Jahr ist im Prinzip gleich«, jammerte er. »Vorstandssitzungen, Pressekonferenzen, Hauptversammlung. Im Terminkalender müsste man eigentlich immer nur die Jahreszahl austauschen. Kennst du ein Jahr, kennst du alle.« Er sehnte sich nach Abwechslung.

Wie verständlich! Kaum machen wir etwas ein paar Monate lang, scheint uns alles andere auf der Welt unendlich interessanter. Das Neue lockt mit seinen Reizen. Aber welches Versprechen gibt uns das Neue?

Heute, mehr als zehn Jahre später, arbeitet die Fernsehjournalistin immer noch in ihrem alten Job. Wir fragten sie nach dem Grund.

»Ach …«, sagte sie. »Natürlich gäbe es andere Dinge, die mich interessieren würden. Aber ich habe einmal die Erfahrung gemacht: Was heute interessant ist, ist übermorgen schon Routine. Dann findet man wieder andere Dinge interessant, die eben wieder neu sind. Soll ich alle zwei Jahre komplett die Branche wechseln? Ich habe mich hier ganz gut eingelebt, sage mir jeden Tag, wie viele Leute sich die Finger nach meinem Job lecken würden. Das macht ihn für mich zwar nicht interessanter. Aber es zeigt mir, dass ›interessant‹ eben relativ ist.

Ich habe mich ganz gut arrangiert und mache das jetzt erst mal weiter.«

Der Manager hingegen hat ins nächste Unternehmen gewechselt. Er bekommt dort einen Hauch mehr Geld, aber der Terminkalender, so berichtete er uns, ist gleich geblieben. »Kennst du ein Unternehmen, kennst du alle«, hat er seine Erkenntnis inzwischen abgewandelt.

Brauchen Sie ein noch hochkarätigeres Beispiel? Der ehemalige Innenminister Wolfgang Schäuble berichtete der *ZEIT* über die Alltagsroutine in seinem Job: »Ich lese immer, was für einen aufregenden Job ein Innenminister hat. So stellt sich Klein Fritzchen das Leben mit Nachrichtendiensten, Verfassungsschutz und BKA vor.« Die Macht der Gewöhnung verschont keinen von uns.

Um unseren Job so aufregend zu halten, wie wir es uns erträumen, müssten wir systematisch in sehr kurzen Abständen ständig etwas völlig Anderes machen und nicht nur den Job, sondern auch regelmäßig die Branche wechseln. Theoretisch ginge das. Und es hätte auch die gewünschte Wirkung: Neues gibt uns einen Kick. Praktikabel ist es aber nicht, schon deswegen nicht, weil uns mit einem solchen Lebenslauf bald kein Arbeitgeber mehr einstellen würde. Wir können uns also nur damit abfinden, dass die Begeisterung mit der Zeit nachlässt. Die Karriereberaterin und Autorin Barbara Sher gibt daher den Ratschlag, den weit verbreiteten Glaubenssatz »Wenn du deinen Job nicht mit an Besessenheit grenzender Leidenschaft ausübst, wirst du niemals zufrieden sein« als einen falschen Glaubenssatz zu den Akten zu legen.

Die Gerechtigkeit ist immer gerade eine rauchen

Gerechtigkeit! Was für ein hohes, erstrebenswertes Gut! Vieles können wir irgendwie ertragen, wenn wir nur den Eindruck haben, es geht gerecht dabei zu. Kritik vom Chef, das Nachsehen bei der Beförderung, weniger Geld: All das sind hässliche Dinge. Aber es hilft, wenn wir uns sagen können: Zumindest gibt es einen sachlichen Grund dafür. Uwe Jean Heuser schrieb dazu einmal in der *ZEIT*: »Der Verzicht gegenüber dem Status quo, der als eine Art Naturrecht betrachtet wird, fällt fast allen Menschen schwer. Schlimmer ist nur noch das Gefühl, dabei gegenüber anderen benachteiligt zu werden.« Und deshalb geben wir unsere Suche nach Gerechtigkeit niemals auf. Wie ein Detektiv durchforsten wir alles, was uns widerfährt, klären Sachverhalte auf, vergleichen, lassen uns Entscheidungen begründen.

Und finden doch immer wieder Ungerechtigkeiten: Der Chef hat unseren Konzeptentwurf für die Abteilungsleitersitzung einfach nicht sorgfältig gelesen. Er hat ihn uns nur deshalb um die Ohren gehauen, weil er ihn falsch verstanden hat. Als wir ihm das erklären wollen, fährt er uns unhöflich über den Mund und hat plötzlich keine Zeit mehr.

Die letzten fünf Jahre haben wir auf eine Beförderung hingearbeitet, lange Abende im Büro verbracht, uns sogar oft Ärger mit der Familie eingehandelt und dem Chef jeden Sonderwunsch von den Lippen abgelesen. Und nun? Der Kollege wird befördert! Erst vor zwei Jahren hat er hier angefangen, sich nicht annähernd so engagiert wie wir. An Nachmittagen verschwindet er oft heimlich für zwei Stunden und trifft sich mit seiner Geliebten! Wieso bekommt nun ausgerechnet er den Zuschlag?

Und eines Abends fällt uns zufällig der Gehaltsordner in die Hände; die Personalreferentin hat vergessen, ihn wegzuschließen. Aufgeregt blättern wir darin. Das darf doch nicht wahr sein! Die Kollegin aus dem Büro nebenan verdient fast doppelt so viel wie wir! Viel weniger Berufserfahrung hat sie, und außerdem holt sie lange nicht so viele Aufträge herein. Als letzter verlassen wir heute mal wieder das Büro, geben alles – und müssen erfahren, dass der Chef uns mit unserem Gehalt die ganze Zeit verhöhnt.

In der Zeitung lesen wir vom wirtschaftlichen Aufschwung; unserem Arbeitgeber geht es blendend. Warum bekommen wir davon nichts zu spüren? Warum hat der Chef unsere Frage nach einer Gehaltserhöhung einfach kühl übergangen?

Das sind bittere Momente, bittere Gedanken. Gedanken, die unschöne Situationen noch schlimmer machen: »Nichts wie weg hier! Auf den Arm nehmen kann ich mich selber.« Und die Suche nach Gerechtigkeit treibt uns zu einem neuen Arbeitgeber.

Aber wird es dort besser?

Unsere Suche könnte uns ja überhaupt nur jemals ans Ziel führen, unsere Flucht vor ungerechter Behandlung überhaupt nur erfolgreich sein, wenn es einen Ort, einen Arbeitsplatz gäbe, an dem sich niemand ungerecht verhielte, an dem sachfremde Argumente keinen Platz hätten und nur nach Leistung entschieden würde.

Einen solchen Ort gibt es aber nicht. Leider. Das Leben ist ungerecht, so sehr wir uns auch um Gerechtigkeit bemühen. Das hat verschiedene Gründe: Zum einen ist Gerechtigkeit oft eine Frage des Blickwinkels. Schauen Sie sich dazu nur Gerichtsentscheidungen an. Oft gehen Prozesse über drei Instanzen, vom Landgericht über das Oberlandesgericht bis zum Bundesgerichtshof. Und jede Instanz entscheidet anders, obwohl alle drei die gleiche Aufgabe haben: Ein gerechtes Urteil zu fällen, auf der Grundlage desselben Gesetzes! Wenn immer so klar wäre, was eigentlich gerecht ist, wenn jeder die gleiche Auffassung darüber hätte – dann bräuchten wir überhaupt keinen Instanzenweg. Ja, dann bräuchten wir überhaupt keine Gerichte, denn jeder von uns wüsste selbst, wie er sich richtig zu verhalten hätte, und würde niemandem Unrecht tun.

Stattdessen gehen schon die Auffassungen von Gerechtigkeit in unserer Gesellschaft weit auseinander: Zahlen wir viele Steuern, geschieht uns Unrecht, weil sie zu hoch sind. Zahlen wir wenige Steuern, finden wir, dass andere im Vergleich noch viel mehr zahlen müssten. Sind wir arbeitslos, finden wir es ungerecht, dass andere Geld verdienen und sich an einem Arbeitsplatz selbst verwirklichen können. Haben wir Arbeit, ärgern wir uns darüber, dass wir das Leben derjenigen mitfinanzieren müssen, die keine haben. Haben wir Kinder, sehen wir uns als Opfer des Staates, weil er dies viel zu wenig würdigt. Haben wir keine, finden wir es ungerecht, dass die Nachbarn Kindergeld bekommen. Wird der Kollege befördert, geschieht dies zu Unrecht. Werden wir selbst befördert, besteht die Ungerechtigkeit darin, dass man uns so lange hat zappeln lassen. Sind wir alt, kommen wir uns von jüngeren Generationen im Stich gelassen vor. Sind wir jung, finden wir es ungerecht, die wachsende Zahl der Älteren mitfinanzieren zu müssen.

Wayne W. Dyer schreibt dazu in seinem Buch *Der wunde Punkt*: »Wenn die Welt so eingerichtet wäre, dass alles immer gerecht zugehen müsste, dann könnte kein Lebewesen auch nur einen einzigen Tag überleben. Den Vögeln wäre es nicht mehr erlaubt, Würmer zu fressen, und jedermanns Eigeninteresse wäre genüge zu tun.«

Eine Gesellschaft, in der sich alle gerecht behandelt vorkommen, ist nicht möglich. Dazu sind wir Menschen viel zu komplex. Seit Jahr und Tag scheitern Politiker an der Erwartung, eine solche absolut gerechte Gesellschaft schaffen zu können. Die Frage »Geht es in unserem Land gerecht zu?« verneint in Umfragen seit Generationen die große Mehrheit der Bevölkerung.

Und was im Großen gilt, gilt auch im Kleinen. Auch in der Teilgesellschaft »Arbeitsplatz« wird nie ein Zustand erreicht werden, in dem alle aus ihrem Blickwinkel heraus den Eindruck haben, gerecht behandelt worden zu sein. Es wird immer Entscheidungen geben, bei denen wir uns auf der Seite der Verlierer sehen.

Das ist die eine Sache. Andererseits ist Gerechtigkeit in vielen Fällen auch objektiv zu beurteilen. Wenn zwei Menschen die gleiche Leistung erbringen, quantitativ wie qualitativ, die gleiche Ausbildung und Berufserfahrung haben, dann kann Gerechtigkeit objektiv nur darin bestehen, dass beide dafür gleich entlohnt werden. Trotzdem sieht die Realität anders aus. Tag für Tag treffen Menschen Entscheidungen, die in haarsträubender Weise selbst objektive, von allen Seiten anerkannte Gerechtigkeitskriterien umstoßen.

Wie kommt das? Nun, wir Menschen sind eben keine Maschinen, keine Rechner, die Fakten aufnehmen und dann durch eine Gerechtigkeitsformel stets zum richtigen Ergebnis kommen. Das menschliche Gehirn funktioniert anders. Es ist sogar sehr anfällig für sachfremde Erwägungen. Manchmal fehlt uns Menschen einfach ein kleines Stück Information, und deswegen entscheiden wir ungerecht. Stets sind persönliche Sympathien oder Abneigungen mit im Spiel, die unsere Entscheidungen beeinflussen – ob wir wollen oder nicht. Oder Mitgefühl gibt den Ausschlag: Vielleicht musste der Kollege, der bei der Beförderung vorgezogen wurde, gerade einen persönlichen Schicksalsschlag verwinden, von dem unser Chef wusste? Und vielleicht hat das den Chef dazu bewogen, gegen objektive Gerechtigkeitsformeln zu verstoßen, nach denen eigentlich wir an der Reihe gewesen wären.

Auch Aussehen ist ein ganz wichtiger Faktor, der andere Menschen unsachlich beeinflussen kann. Hinter vorgehaltener Hand bestätigen viele Personaler ganz unverblümt, dass sie attraktivere Bewerber bevorzugen. Zahlreiche Studien belegen, dass dies ein Massenphänomen ist: Die kanadischen Ökonomen Daniel Hamermesh und Jeff Biddle etwa haben festgestellt, dass attraktivere Männer 15 Prozent mehr verdienen als solche, die nach gängigen Schönheitsidealen als unattraktiv gelten. Die Wirtschaftswissenschaftler Susan Averett und Sanders Korenman haben gar einen »Fettleibigkeitsindex« aufgestellt: Wer Übergewicht hat, verdient im Schnitt weniger als seine schlanken Kollegen. Und ein Klassiker ist das Experiment mit den Lebensläufen: Man legte Testpersonen ein und denselben Lebenslauf mit unterschiedlichen Fotos vor. Sie sollten die Kompetenz des Bewerbers bewerten, nicht dessen Schönheit. Und siehe da: Die Testpersonen nahmen die Attraktiveren durchweg als insgesamt kompetenter wahr. Auch Körpergröße und soziale Herkunft spielen beim Einkommen eine Rolle.

Ist das gerecht? Nein. Zumindest, wenn wir nicht als Models arbeiten und ganz offiziell gerade für Attraktivität bezahlt werden. Nach klassischer ökonomischer Theorie richtet sich der Lohn allein nach der Arbeitskraft, die wir unserem Arbeitgeber überlassen.

Aber wir Menschen funktionieren eben nicht nach klassischer ökonomischer Theorie. Unsere Entscheidungen sind oft ungerecht. Und weil an jedem Arbeitsplatz die Entscheidungen von Menschen getroffen werden, werden wir auch überall eine gehörige Portion Ungerechtigkeit vorfinden. Diese Erkenntnis ist einfach und gleichzeitig schwer. Sie mag bitter sein für die Idealisten unter uns, doch sie hilft. Ein Trost ist ja immerhin, dass jede Ungerechtigkeit nicht nur einen Verlierer, sondern auch einen Gewinner hat. Schon rein statistisch werden wir auch manchmal der Gewinner sein.

Wenn wir einmal akzeptiert haben, dass das Leben nicht immer gerecht ist, sind wir nicht ständig auf der Suche nach Ungerechtigkeiten. Und wir brauchen nicht in den Stellenanzeigen nach einem Ort der Gerechtigkeit zu suchen, der nirgendwo existiert. In Teil 2 dieses Buches kommen wir auf diesen Punkt nochmals zurück. Dort besprechen wir Techniken, die uns den Umgang mit der ungerechten Welt erleichtern.

Diese Leute werden Sie immer und überall nerven

»Ich will einen Beruf, in dem ich möglichst viel mit Menschen zu tun habe!« Haben Sie das auch einmal gesagt? Vermutlich. Die meisten Menschen sind dieser Ansicht, bevor sie ins Berufsleben einsteigen. Wer stellt sich auch schon gern eine Arbeit vor, bei der er tagein, tagaus allein in einer kleinen Kammer sitzt, an eine weiße Wand starrt und still vor sich hinarbeitet? Ohne Telefon, ohne E-Mails, ohne Fenster zur Außenwelt? Ohne nette Kollegen, eine motivierende Chefin, dankbare Kunden? Niemand, der bei Trost ist.

Ihr Job wäre toll ohne die Leute um Sie herum

Aber wie anders sieht dann die Realität aus! Wir haben fast alle unseren Job bekommen, in dem wir »mit Menschen zu tun haben« – also genau das, was unseren Wünschen entsprach. Das ist nicht so erstaunlich, denn den Job in der einsamen Kammer gibt es praktisch gar nicht (nein, noch nicht einmal bei Buchautoren, denn sie stehen während der Arbeit in regem Kontakt mit Lektorinnen, Agenten, Redaktionen und Experten).

Wo also liegt das Problem?

Überlegen Sie einmal: Worüber lassen Sie sich abends am meisten aus, wenn Sie Ihrem Partner, Ihrer Mitbewohnerin, Ihrer besten Freundin, Ihrem Hund oder Ihrem Kühlschrank mal wieder von Ihrem frustrierenden Tag bei der Arbeit erzählen? Wenn Sie sich so richtig aufregen, Ihr Blutdruck steigt und Sie erst mal »runterkommen« müssen? Wenn Sie daran denken, alles hinzuschmeißen?

Es sind nicht Dinge, abstrakte Vorgänge oder Zustände, sondern Personen, und zwar ganz konkrete. Sie regen sich über Ihren Chef auf, der Sie zu Unrecht kritisiert hat, ärgern sich über Ihre Kollegin, die mal wieder alle Arbeitsaufträge auf andere abgewälzt hat, sind bis zum Anschlag genervt von dem Typen aus der Auftragsabteilung eines Großkunden, dem man es nie recht machen kann.

Die Probleme, über die wir bereits gesprochen haben, zeigen sich in ganz konkreten Verhaltensweisen ganz konkreter Menschen um uns herum. Ungerechtigkeit entsteht durch ungerechte Entscheidungen, mangelnde Anerkennung dadurch, dass der Chef unsere Leistungen wortlos entgegennimmt, eingeschränkter Gestaltungsspielraum dadurch, dass er unsere Vorschläge zurechtstutzt.

»Ständige Störungen« bei der Arbeit empfinden die Arbeitnehmer in Deutschland mittlerweile als eine ihrer Hauptbelastungen – vor allem, wenn sie in einem Büro oder in einem technischen Beruf arbeiten. Das war das Ergebnis der Erwerbstätigenbefragung der Bundesanstalt für Arbeitsschutz und Arbeitssicherheit im Herbst 2007. 20 000 Menschen hatte man für die Studie befragt, und ein Großteil klagte darüber, dass das Telefon alle paar Minuten ihre Konzentration stört, E-Mails am laufenden Band ins Postfach flattern und bearbeitet werden wollen und in der Bürotür ständig jemand lehnt, der dringend etwas besprechen möchte.

In den USA hat die Soziologin Gloria Mark den Angestelltenalltag untersucht. Die Ergebnisse kommen sicherlich auch Ihnen bekannt vor: Durchschnittlich alle elf Minuten wurden die Arbeitnehmer von ihrer Arbeit abgelenkt – persönlich, am

Telefon, mit einer E-Mail oder einer Instant Message. Jeweils 25 Minuten später konnten sie sich wieder ihrer liegengelassenen Arbeit widmen. Von den elf Minuten bis zur nächsten Unterbrechung brauchten sie acht Minuten, um den verlorenen Faden wieder aufzunehmen. Das Ergebnis: Konzentration in Drei-Minuten-Häppchen.

Diese »Störungen« sind die Menschen, mit denen wir einmal so gern zu tun haben wollten: Chefs, Kolleginnen, Kunden. Hinter jeder »Störung« steht einer von ihnen. Ein Mensch.

Wie schnell sind diese Menschen um uns herum vom Idealbild zum Problem geworden! Regelmäßig verwünschen wir sie, verdrehen die Augen, wenn sie nur unser Büro betreten oder wir ihre Nummer im Telefondisplay, ihren Absender in der E-Mail sehen. Wie schön wäre es, hätten wir an unserem Schreibtisch einen Knopf mit der Aufschrift: »Ganzes Büro stumm schalten!« Die sollen uns einfach in Ruhe unsere Arbeit machen lassen und uns nicht ständig auf den Geist gehen! Ohne die Leute um uns herum wäre das alles gar nicht so ein großes Problem.

Denken wir.

Und leicht gehen wir noch einen Schritt weiter: Nicht Menschen im Büro generell nerven uns, sondern ganz konkret die Menschen in *unserem* Büro: Herr X, der Chef. Frau Y, die Kollegin von gegenüber. Und dieses aufdringliche Biest Z. Wenn X, Y und Z nicht wären – dann hätten wir sehr viel weniger Sorgen. Und da scheint es sehr verlockend, sich nach einem anderen Arbeitsplatz umzusehen, denn dort könnten wir ein angenehmes Leben ohne X, Y und Z führen. Es sei denn, X, Y und Z wechselten zufällig zur selben Zeit zum selben neuen Unternehmen, was recht unwahrscheinlich ist.

Doch schauen wir, was dran ist an dieser Überlegung.

Wie oft ist bei Ihnen Chefhasser-Tag?

Fangen wir mit Ihrem Chef an. Ihr Chef, das leidige Thema.

Wissen Sie, was ganz oben auf der Liste der Gründe steht, warum Menschen dringend den Job wechseln wollen, sogar »müssen«? Sie ahnen es: der Chef! »Mein Chef ist ein Idiot!«, hörten wir bei unseren Befragungen regelmäßig. Unzählige Bücher sind diesem Thema gewidmet: *Nieten in Nadelstreifen*, *Mein Chef ist ein Arschloch, Ihrer auch?* und *Rache am Chef* sind nur drei Beispiele dafür. Alle drei Bücher waren Bestseller. Offenbar scheinen noch andere Leute ein gehöriges Problem mit ihrem Chef zu haben.

In der Tat gehen die meisten Probleme, über die wir gesprochen haben, auf Handlungen – oder Unterlassungen – Ihres Chefs zurück. Ihr Chef ist der größte Begrenzer Ihrer Freiheiten: Er gibt Ihnen Aufträge, setzt Termine, kontrolliert Sie, verbessert Sie, gibt Ihnen zu wenig Geld, zu wenig Anerkennung, zu viel Arbeit. Und dass wir Menschen es nicht mögen, wenn unsere Freiheiten begrenzt werden, haben wir ja schon festgestellt. Kein Wunder also, dass wir die Menschen ganz besonders ungern um uns herum haben, die maßgeblich daran beteiligt sind. Für viele von uns ist daher leider jeder Tag zum Chefhasser-Tag geworden. Sieben Tage die Woche, selbst wenn wir dem Chef gar nicht begegnen müssen. Es reicht, dass er uns irgendwie in den Sinn kommt.

Ja, wir denken wahrlich nicht gut über unsere Chefs: In einer Umfrage der Zeitschrift *Junge Karriere* hielten nur 26 Prozent der Mitarbeiter ihren Chef für kompetent und menschlich angenehm. 10 Prozent sagten: Er ist nett, hat aber wenig Ahnung vom Fach. Immerhin 30 Prozent meinten: Er ist fachlich gut, kann aber nicht mit Menschen umgehen. Und 34 Prozent fanden, ihr Chef sei eine totale Fehlbesetzung, menschlich wie fachlich. Dies deckt sich mit anderen Befunden. Unter dem

Titel »Land der schlechten Chefs« berichtete die *Süddeutsche Zeitung* darüber, wie alleingelassen, uninformiert und schlecht gefördert deutsche Beschäftigte sich vorkommen. Grundlage des Berichts ist der *Index Gute Arbeit 2007* des Deutschen Gewerkschaftsbunds. Ein ziemlich miserables Zeugnis für unsere Chefs.

Aber wird nun beim nächsten Chef alles anders?

Wenn Sie bis hierher gelesen haben, kennen Sie inzwischen unser Argumentationsmuster. Es lautet in der Tat auch hier zunächst einmal: Wenn fast alle mit ihrem Chef so unzufrieden sind, dann ist Ihr Chef offenbar kein Einzelfall. Und die Chancen, dass es woanders wesentlich besser ist, sind leider schon rein statistisch gesehen gering.

Auch hier wollen wir es aber nicht bei den bloßen Zahlen und dem Verweis auf das Massenproblem belassen. Überlegen wir einmal, wie die Zusammenhänge eigentlich sind. Woran könnte es liegen, dass wir fast alle unzufrieden mit unseren Vorgesetzten sind?

Für dieses Phänomen gibt es zwei Hauptursachen.

Die eine haben wir gerade schon angesprochen: Der Chef verkörpert Probleme, die eigentlich ganz woanders liegen. Er *ist* nicht das Problem, er hat es auch nicht geschaffen, aber er vermittelt es uns. Ein Beispiel: Es gibt, wie bereits gesagt, 6,6 Milliarden Menschen auf der Welt, und jeder von uns hat jeden Tag mit einer ganzen Menge Menschen zu tun. Es ist also schlicht nicht möglich, jedem Menschen die Aufmerksamkeit und Anerkennung zukommen zu lassen, die er sich erhofft und auch verdient hat.

Wenn wir also tagelang an der Präsentation für unseren Chef gesessen, formuliert, redigiert und uns imposante Animationen ausgedacht haben und als Feedback lediglich ein knappes »Danke« per E-Mail bekommen, denken wir, dass unser Vorgesetzter unsere Arbeit nicht zu schätzen weiß. Dabei hat der

Chef an diesem Tag möglicherweise gleich 20 oder 30 E-Mails mit Arbeitsergebnissen erhalten, und es ist einfach nicht praktikabel, jedem individuell zu antworten und jeden Beitrag ausführlich zu würdigen. Unser Chef ist nicht schuld daran, dass wir nicht allein auf der Welt sind. Er vermittelt uns nicht nur den *Eindruck*, wir seien einer von vielen – wir *sind* es, auch wenn uns das nicht gefällt. Dafür kann aber unser Chef nichts. Kein Chef der Welt wird etwas daran ändern können, dass für uns im Arbeitsalltag eben nur begrenzte Aufmerksamkeit und Anerkennung zur Verfügung stehen.

Das können wir auf fast alle Punkte übertragen, über die wir bisher gesprochen haben: Wenn wir mit unserem Gehalt nicht zufrieden sind, weil es immer noch jemanden gibt, der mehr verdient als wir – dann sehen wir leicht in unserem Chef den Schuldigen, denn er bestimmt immerhin, was auf unserem Konto landet. Er kann aber auch nichts dafür, dass unsere Psyche so funktioniert, dass wir uns immer mit anderen vergleichen und unzufrieden mit dem sind, was wir haben.

Oder nehmen wir den beschränkten Gestaltungsspielraum, der uns so stört: Solange wir eine gesellschaftlich relevante Tätigkeit ausüben, müssen wir uns mit anderen abstimmen, Regeln beachten, uns gewissen Gegebenheiten anpassen, damit wir nicht im Chaos landen. Unser Chef hat dieses Problem nicht verursacht – er verkörpert es nur. Er ist derjenige, der uns die Regeln vorgibt, die unseren Gestaltungsspielraum einschränken.

Ein Chef wird uns immer Aufträge erteilen, uns kontrollieren und im Zweifelsfall korrigieren – das ist sein Job. Wenn uns das an unserem jetzigen Chef stört, werden wir bei einem neuen Chef nicht glücklicher werden, denn er wird all dies ebenfalls tun. Das ist es, was einen Chef ausmacht.

Unser Vorgesetzter kann schließlich auch nichts dafür, dass wir es grundsätzlich als belastend empfinden, überhaupt von unserer Arbeit abhängig zu sein. Er ist nicht schuld daran, dass wir nicht reich geerbt haben. Aber er verkörpert »die Pflicht der Arbeit«, achtet darauf, dass wir am Montagmorgen wieder im Büro erscheinen, gibt uns Aufträge. Kein Chef der Welt kann das Problem lösen, das wir grundsätzlich damit haben, unsere Brötchen irgendwie verdienen zu müssen.

In all diesen Fällen projizieren wir Probleme auf den Chef, die dieser weder verursacht hat noch beheben kann. Vielmehr haben wir in den vorangegangenen Kapiteln gesehen, dass diese Probleme untrennbar mit unserer menschlichen Funktionsweise oder mit dem Arbeitsalltag an sich verbunden sind. Wir werden diese Hürden an jedem anderen Arbeitsplatz vorfinden, und unser Chef wird sie auch dort wieder verkörpern. Das ist sein undankbares Los.

Werfen wir einen Blick auf den zweiten Grund dafür, dass fast jeder ein Problem mit seinem Chef hat. Wir wollen die Chefs nicht von jeglicher Verantwortung für die Misere freisprechen. Im Gegenteil – jenseits der Probleme, für welche die Vorgesetzten ausnahmsweise nichts können, müssen wir sagen: Ja, es wird in den Chefetagen tatsächlich viel Mist gebaut, und es werden täglich atemberaubende Führungs- und Motivationsfehler gemacht. Ständig werden elementare Grundregeln der Höflichkeit und des menschlichen Umgangs mit Füßen getreten.

Das ist trauriger Fakt, und daran müssen die Betroffenen arbeiten. Aber es ist offenbar nicht so einfach. Bücher und Seminare für Chefs gibt es genug, sie in die Praxis umzusetzen ist schwierig, weil alle Beteiligten eben auch nur Menschen sind. In einem Buch etwas zu schreiben und zu lesen, ist eine Sache – es in der Praxis ständig zu beherzigen, eine andere. Fassen wir uns an die eigene Nase: Wie oft sind wir unhöflich, undankbar, ungerecht? Wie oft machen wir Fehler, versagen, obwohl in der Theorie eigentlich alles recht klar und ziemlich einfach ist? Das ist normal, denn wir sind nur Menschen – die Chefs sind es aber auch. Sie sind ja auch selbst Mitarbeiter und in der Regel wieder ihrem eigenen Chef gegenüber verantwortlich. Genau wie wir sind auch die Chefs abhängig von Launen, von unsachlichen Einflüssen, von Stressfaktoren, machen Fehler wegen unzureichender Informationen oder weil die Konzentration für einen Moment nachlässt. Und wann immer zwei Menschen miteinander arbeiten, gibt es beidseitig Reibungen, Spannungen, Enttäuschungen, Verletzungen. Den Chef, wie er im Ratgeber für Führungskräfte steht, den gibt es nicht. Genauso wenig, wie der ideale Mitarbeiter aus dem Lehrbuch existiert.

Und wissen Sie was? Ihr nächster Chef wird auch nur ein Mensch sein – hoffentlich zumindest, denn wer will schon für eine Maschine arbeiten? Vielleicht ist er in mancher Hinsicht anders als Ihr jetziger Chef, dafür wird er andere Marotten haben. Jeder Mensch hat Eigenheiten. Und letztendlich wird beim neuen Chef alles beim Alten bleiben.

Wo gehobelt wird … da sind auch Schreiner – unsere lieben Kollegen

Nun sind wir von unseren Chefs »wenigstens« noch in gewisser Weise abhängig: Sie geben uns die Arbeit, kontrollieren uns, beurteilen uns. Von ihnen bekommen wir – zumindest mittelbar – unser Gehalt. Ihr Eindruck von uns ist ausschlaggebend für unsere Aufstiegschancen. Wir könnten sie oft auf den Mond schießen, aber wir wissen: Im Prinzip sind sie wichtig für uns. Das lässt uns einiges aushalten. Die Probleme mit den Chefs können wir irgendwie noch als notwendiges Übel verbuchen. Ganz anders sieht es mit den vielen Menschen aus, die sonst noch so um uns herumwuseln, ständig an unserem Schreibtisch stehen, denen wir in langen Sitzungen zuhören müssen, die uns E-Mails mit lahmen Witzen oder lästigen Fragen und Bitten schicken, die uns mehrmals am Tag anrufen und uns beim Mittagessen ungefragt auch noch die langweiligste Episode aus ihrem Privatleben erzählen.

Diese Menschen bezeichnen wir als Kollegen.

Von ihnen sind wir nicht abhängig, jedenfalls nicht so offensichtlich wie von unserem Chef. Die Belästigungen durch sie empfinden wir deshalb als besonders überflüssig. Sie rauben uns nur Zeit und Nerven – so erscheint es uns. In Meetings schauen sie interessiert, stellen blöde Fragen und schmeicheln dem Chef. In ihren einfallslosen Präsentationen benutzen sie alle Schlagwörter, die der Chef gerne hört. Ist ausnahmsweise mal eine gute Idee dabei, ist die meistens von einem anderen Kollegen geklaut. Bei allem, was der Chef sagt, nicken sie eifrig, es sei denn, er verteilt Arbeit. Dann wissen sie sich im Hintergrund zu halten, weisen darauf hin, dass sie gerade noch ein wichtiges Projekt fertig machen. Sind hingegen Lorbeeren zu vergeben, halten alle ihr Säckchen auf und haben natürlich maßgeblich an der erfolgreichen Sache mitgearbeitet.

In der Kaffeeküche drängen sie uns Small Talk auf; wenn wir uns schnell einen faden Filterkaffee holen möchten, lauert die Kollegin aus dem Controlling schon auf ein Opfer. Wir kennen kaum ihren Vornamen, saßen bloß gestern beim Mittagessen in der Kantine einmal neben ihr. Was für ein Fehler! Schon denkt sie, wir wären beste Freunde, teilt uns mit, dass sie mit dem Gedanken spielt, ihren Freund zu verlassen, weil er sie nicht versteht. Bevor sie in Tränen ausbricht, fliehen wir aus der Küche, eilen vorbei an dem Neuen aus dem IT-Support. Der beklagt sich prompt per E-Mail bei uns darüber, dass wir ihn nicht gegrüßt hätten, und fragt, ob das hier so üblich sei.

Wir schauen auf die Uhr. 15 Uhr. Sollte da nicht Kollege Schwarz mit seiner Zuarbeit zu einer wichtigen Präsentation fertig sein? Der Chef wartet darauf; unser Teil liegt schon lange vor. Mal wieder hängt alles, weil andere sich nicht an Absprachen halten. Stattdessen ein Anruf: Frau Berger aus dem Corporate Publishing fragt, ob wir noch heute Nachmittag einen ersten Entwurf unserer Abteilung für den Geschäftsbericht mailen könnten. Man müsse das alles recht dringend zum Layout geben, damit es zur Hauptversammlung noch fertig werde. Warum fällt ihr das erst jetzt ein? So überraschend kommt der jährliche Geschäftsbericht nun wirklich nicht. Ein Tollhaus!

Und dann diese Weihnachtsfeiern, Betriebsausflüge, Fortbildungsseminare! »Teambildungsmaßnahmen« nennt der Chef das. Mit den drei langweiligsten Kollegen aus einer anderen Abteilung (»interdisziplinäre Teambildung«) müssen wir irgendwo in der Pampa ein Kanu bauen – aus Holz, das eine teuer bezahlte Agentur extra angeliefert hat und später wieder abholen wird. Danach ziehen wir uns gegenseitig alberne Rettungswesten über unsere T-Shirts mit dem Firmenlogo und fahren auf den See hinaus.

Irgendwann kommt uns diese ganze Welt wie eine einzige Karikatur vor. Alle reden eine ganz seltsame, vorwiegend englisch klingende Sprache, die eigentlich nichts besagt, die aber jeder sehr, sehr ernst nimmt: Es wimmelt nur so von »Best Practice«, »Awareness«, »Herausforderungen«, »Nachhaltigkeit«, »Action Items«, »Quality Assurance«, »Performance«, »Benchmarks«, »Incentives«. Ab und zu wird das Erreichen eines »Milestones« oder gar eines »Breakthrough Targets« gefeiert; vielleicht, wenn gerade ein »Leuchtturmprojekt« gestartet oder ein »Flagship Store« eröffnet worden ist. Die »Task Force«, die diesen Erfolg zu verantworten hat, strahlt dann, als wäre es um ihr Leben gegangen. Wir benutzen Stifte und Blöcke mit dem Firmenlogo, denn das Produkt, das unser Arbeitgeber herstellt, die Dienstleistung, die er erbringt – darum dreht sich die Welt. Zumindest die Welt, in der die grauen Industrieteppiche liegen und in der wir in der Regel den Großteil unserer Wachzeit verbringen.

»Ja, geht's noch?«, denken wir uns da oft. Was macht diese Welt so wahnsinnig?

Nun, es ist eben schon ein ganz besonderer Mikrokosmos, in den wir jeden Tag wieder eintauchen. Ein Tanz um das goldene Kalb. Das goldene Kalb ist das Produkt, die Dienstleistung, aus dem unser Arbeitgeber ein Geschäft gemacht hat. Er hat sich eines Tages von allen Kälbern, die so auf der Welt herumlaufen, eines geschnappt und golden angemalt. Um seitdem dreht sich in seinem System alles um dieses eine vergoldete Kalb; nur wegen dieses Kalbs besteht das ganze System überhaupt. Alle arbeiten darauf hin, das Kalb größer und dicker zu machen, es zumindest so zu erhalten, wie es ist. Sie geben dem Kalb, seinem Futter, seinem Stall, seiner Milch komische Namen und rufen sich seltsame Botschaften zu. Ab und zu, wenn wir uns vor Augen führen, dass es noch viele, viele andere Kälber auf der Welt gibt und dass unser Kalb mitsamt den Leuten, die wie verrückt um es herumtanzen, global gesehen nur eine winzige Nebensache ist, kommt uns das alles sehr, sehr lächerlich vor. Wir finden es absurd, dass man ein einziges Kalb so überhöht, so ernst nimmt, dass man über nichts anderes mehr redet. Und doch hält dieses Kalb das ganze System zusammen.

Und die Leute, die sich an diesem Tanz beteiligen, spielen jeweils eine bestimmte Rolle mit einer bestimmten Maske. Die Choreografie muss stimmen, aber es gibt trotzdem immer ein Gerangel. Jeder will viel vom goldenen Schein abbekommen, und das möglichst, ohne sich unnötig zu verausgaben. Und weil wir viele, viele Stunden miteinander um das Kalb tanzen, begegnen wir manchen Tänzern auch einmal ohne ihre Maske – wenn sie sich kurz ausruhen, etwas trinken oder sich den Schweiß abwischen. Niemand kann ununterbrochen eine Maske tragen. Und wenn wir uns dann ins unmaskierte Gesicht schauen, entsteht plötzlich eine ganz neue Situation. Vielleicht mögen wir das Gesicht, das wir da sehen, vielleicht erschreckt es uns aber auch, vielleicht interessiert es uns gar nicht. Aber bevor wir uns versehen, sind wir schon wieder in Bewegung.

Gehen wir nun ein paar Schritte zurück und schauen uns das Spektakel aus der Ferne an: Die Welt ist übersät mit goldenen Kälbern und den Herden, die jeweils um sie herumtanzen. In jeder dieser Herden erscheint den Tänzern ihr Verhalten oft absurd, und überall gibt es Rangeleien und Zusammenstöße. Jeder möchte irgendwann aus seiner Herde ausbrechen und einfach nur davonlaufen. Aber schon bald würde er auf die nächste Herde stoßen, die um ihr eigenes goldenes Kalb tanzt, und alles würde wieder von vorn beginnen. Das Kalb hätte nur einen anderen Namen.

Es ist völlig normal, dass uns unser täglicher Mikrokosmos irgendwann absurd vorkommt, wenn alle über dieselbe Sache reden, sich auf dasselbe konzentrieren, als gäbe es nichts anderes auf der Welt! Aber diese eingeengte Sicht findet sich überall, wo gearbeitet wird. Wo gehobelt wird, da fallen nicht nur Späne, da sind auch Schreiner. Und Schreiner reden über Holz. Es ist unmöglich, hobeln zu wollen, aber dabei nichts mit Schreinern zu tun zu haben. Da scheint uns eine andere Welt ohne Schreiner sehr verlockend – endlich einmal normale Menschen, die nicht nur über Holz reden! Aber diese Welt ist dann vielleicht voll von Schlossern, die über Metall reden. Oder von Maurern, mit denen wir uns jeden Morgen nur treffen, um Häuser zu bauen. Diese neue, fremde Welt wird uns dann schon bald genauso absurd vorkommen. Aus den gleichen Gründen.

Unsere Kollegen und wir werden immer unsere zugewiesenen Rollen spielen. Es wird immer einen Wettbewerb um Aufmerksamkeit und Anerkennung geben. Und weil wir so viel Zeit miteinander verbringen, erkennen wir manchmal die Menschen hinter der Fassade, die oft ähnliche Probleme haben wie wir. Diese »echten« Begegnungen überfordern uns bisweilen ein wenig. Und weil alle Kollegen nur Menschen sind, werden sie immer unzulänglich sein. Wo Menschen walten, wird es immer Fehler geben, Absprachen, die nicht eingehalten, Termine, die übersehen, Informationen, die nicht rechtzeitig weitergeleitet werden – und andere, die es ausbaden müssen. Jeder hat seine eigenen Aufgaben, strampelt sich mit seinem eigenen Leben ab.

Immerhin: Es gibt überall auch angenehme Menschen, das vergessen wir manchmal, weil die unangenehmen uns zu sehr aufregen. All das ist sehr komplex, und es wäre höchst erstaunlich, wenn es in diesem System nicht ab und zu gewaltig knallen würde. Aber das finden wir an jedem Arbeitsplatz. Die handelnden Figuren haben unterschiedliche Namen, sehen unterschiedlich aus. Aber am Ende sind alle Rollen in diesem System immer wieder mit irgendjemandem besetzt.

Der Kunde ist König – und wir sind die Untertanen

Und nun zur dritten Gruppe, die uns das Leben oft schwer macht: die Kunden. Wenn der Kunde König ist, dann ist unser Platz schon einmal klar: Wir können nur Untertanen sein.

Und so ist es auch, denn der Kunde kauft unser goldenes Kalb. Nur deshalb wird das goldene Kalb so überhöht – weil es jemanden gibt, der dafür Geld bezahlt. Unser Chef wird deshalb peinlich genau darauf achten, dass dem Kunden das Kalb auch weiterhin gut schmeckt. Ist der Kunde unzufrieden, wird es unser Chef erst recht sein. Das ist sicher.

Letztlich gibt damit der Kunde die Maßstäbe vor – entweder uns direkt, wenn wir in direktem Kontakt mit ihm stehen, oder indirekt über andere Abteilungen oder unseren Chef. Daher begrenzt der Kunde unsere Freiheit ebenso sehr wie unser Vorgesetzter. Und Freiheitsbegrenzer mögen wir nicht; das Thema hatten wir ja schon.

Doch damit nicht genug. Die Überhöhung geht hier noch einmal ein Stück weiter: Finden wir es schon seltsam genug, dass so viele Leute in unserer Firma ständig nur an die eine Sache denken, die unser Arbeitgeber zum goldenen Kalb erkoren hat, so verengt sich der Blick des Kunden noch einmal. Er sieht noch nicht einmal das Produkt generell, sondern nur noch das ganz konkrete Exemplar dieses Produkts, das er bestellt hat und geliefert bekommt. In der Beziehung zum Kunden schrumpft der Mikrokosmos unserer Arbeit – der uns ohnehin schon absurd klein vorkommt – vollends ins Mikroskopische. Und im Kundenverhältnis dreht sich nun alles um diesen winzig kleinen Ausschnitt aus einer ohnehin winzig kleinen Teilwelt. Da ruft der Kunde ständig an und fragt, wann *seine* Sachen fertig sind. Immer ist es unglaublich dringend, und wenn er seine Sachen dann bekommen hat, untersucht er alles kleinkariert bis in den letzten Winkel, als hätte er gar nichts anderes zu tun. Er ruft wieder an, hat Nachfragen, Verbesserungswünsche. Selten ist er wirklich zufrieden. Wir haben natürlich noch andere Kunden zufriedenzustellen, aber jeder von ihnen blendet den Rest der Welt völlig aus und sieht nur sich und seine Bestellung.

Sie glauben, nur Ihre Kunden seien so?

Wir sagen Ihnen: Alle Kunden sind so. Auch wir selbst, wenn wir Kunden sind. Machen wir den Test: Wir schlendern am Samstagmorgen über den Markt und bleiben am Obststand stehen. Dahinter friert eine Verkäuferin, der es jeden Tag schon absurd genug erscheint, dass sich die Welt ihres Chefs und ihrer Kollegen nur um Obst dreht. Obst, Obst, Obst! Äpfel, Birnen, Saisonware, Bestellungen, Frische, Angebote, Waagen, Papiertüten – ihr Mikrokosmos enthält nur das, Tag für Tag. Und nun kommen wir. Nehmen drei, vier Äpfel in die Hand und prüfen sie, als ginge es um unser Leben. Plötzlich geht es in der Welt der Verkäuferin noch nicht einmal mehr um Obst generell. Im Mittelpunkt stehen nur noch vier Äpfel, die wir in der Hand halten und an denen wir kleine Druckstellen gefunden haben. Druckstellen, die für die Verkäuferin völlig normal sind, die sich eben nicht vermeiden lassen, die wir aber nicht haben wollen. Wenn wir schon nur vier Äpfel kaufen, dann sollen die wenigstens perfekt sein! Und wir stellen Fragen: Ob sie nicht noch bessere Äpfel habe, da hinten in der Kiste. Ob diese Sorte auch wirklich saftig sei. Letzte Woche seien wir von der Haltbarkeit enttäuscht gewesen.

Das ist etwas überspitzt geschildert. Aber im Prinzip stimmt es: Alles konzentriert sich in diesem Moment auf die paar Äpfel in unserer Hand. Und wir erwarten, dass diese Äpfel ganz besonders gut sind, denn es sollen ja *unsere* Äpfel sein.

Als Verkäuferin könnte man da tatsächlich wahnsinnig werden – und in unserem eigenen Job sind *wir* diese Verkäuferin, die in ein Land ohne Kunden, ohne Abnehmer, ohne Nachfrager flüchten möchte.

Aber das bleibt ein Wunschtraum, denn ohne Nachfrage, ohne Bedarf kann sich kein Arbeitgeber halten. Einzige Ausnahme: Er hat genügend Geld, um den Tanz um sein goldenes Kalb aus Spaß zu veranstalten. Dann gäbe es keine lästigen Kunden, und es wäre egal, ob und wie das Kalb schmeckt. Die Kunden würden unsere Freiheit nicht begrenzen. Das klingt zunächst gut, denn wir lieben ja die Freiheit! Aber wären wir mit einem solchen Tanz glücklicher? Denken Sie an das, was wir über Freiheit und Relevanz gesagt haben. Ein solcher Mikrokosmos käme uns nicht nur absurd vor – er wäre tatsächlich reine Beschäftigungstherapie. Das ist der Trost: Der Kunde, der unser Kalb braucht und kauft, ist nicht nur ein »Störfaktor«, auch wenn er uns oft so vorkommt. Er gibt dem ganzen Tanz einen Sinn.

Kündigung – nur eine Pinkelpause im ewig gleichen Film

Gönnen wir uns eine kurze Verschnaufpause.

Wir haben einen Blick auf die wichtigsten Gründe geworfen, aus denen Menschen von ihrer Arbeit frustriert sind. Betroffene haben uns, Volker Kitz und Manuel Tusch, diese Gründe immer wieder genannt, so oft, so laut, dass wir zu der Erkenntnis kamen: Die »Un-Arbeitslosen« sind die eigentlichen Frustrierten.

Beim nächsten Chef wird's auch nicht anders

Rekapitulieren wir noch einmal: Da sind zum einen die Erwartungen, die wir mit einem bestimmten Job verbinden. Die gängigsten Motive für die Jobwahl sind Geld, Status, Idealismus sowie Spaß und Interesse an der Tätigkeit an sich. Alles gute Gründe! Wir haben aber festgestellt, dass für unsere Jobwahl meist ein ganz bestimmtes Motiv dominiert – und dass wir die Erwartungen hinsichtlich dieses einen Beweggrunds ins Unrealistische steigern, während die anderen Punkte für uns nebensächlich werden. Dies führt dazu, dass wir zu viel und gleichzeitig zu wenig erwarten und die Realität unsere Erwartungen enttäuscht, wenn wir unsere Erwartungen nicht anpassen.

Wir sind ein paar Punkte durchgegangen, über die – in unterschiedlichen Ausprägungen – fast alle klagen, die der arbeitenden Bevölkerung angehören, und die wir bei unseren mehrjährigen Recherchen zu diesem Buch wieder und wieder gehört haben. Es sind »Standard-Aufreger«: So ziemlich jeder hält sich für unterbezahlt – egal, ob er 10 Euro pro Stunde verdient oder viele Millionen im Jahr. Wir haben alle damit zu kämpfen, dass wir nicht allein auf der Welt sind, nicht allein im Arbeitsleben, und dass wir Aufmerksamkeit immer und überall mit anderen teilen müssen. Schon aus rein praktischen Gründen können wir niemals die Anerkennung bekommen, die uns eigentlich zusteht.

Wir haben festgestellt, dass Freiheit und Relevanz sich gegenseitig ausschließen, und dass unser Gestaltungsspielraum daher immer empfindlich eingeschränkt sein wird, solange wir eine gesellschaftlich relevante Tätigkeit ausüben. Denn wo wir Interessen anderer berühren, mit anderen im Wechselspiel stehen, hört unsere uneingeschränkte Freiheit auch schon wieder auf. Alles, was unsere Freiheit begrenzt, empfinden wir als unangenehm. Daher liegt die Arbeit uns Menschen grundsätzlich schwer im Magen, denn sie begrenzt unsere Freiheit sehr spürbar, Tag für Tag. Andererseits sind wir von Arbeit nun einmal abhängig, wenn wir nicht gerade den Lotto-Jackpot geknackt oder ein Millionenerbe angetreten haben.

Wir haben uns etwas sehr Wichtiges eingestanden: Die Welt ist nicht immer gerecht, weil Menschen keine »Gerechtigkeitsautomaten« sind. Wo Menschen sind, gibt es immer auch Ungerechtigkeiten.

Schließlich haben wir den Menschen betrachtet, der uns bei der Arbeit immer wieder zur Weißglut bringt: unseren Chef. Wir mussten zugeben, dass er viele der zuvor identifizierten Probleme nur verkörpert, sie aber weder schafft noch beheben kann. Er wird immer unsere Freiheiten begrenzen, egal, wie er heißt, wie er aussieht und welche speziellen Marotten er hat.

Natürlich sind unsere Vorgesetzten nicht perfekt! Sie machen Fehler – große und kleine –, sind manchmal ungerecht und behandeln uns oft nicht gerade vorbildlich. Aber sie sind wie wir selbst Menschen, und kein Mensch und damit auch kein anderer Chef ist ohne solche Schwächen.

Wir haben auch die lieben Kollegen näher untersucht und erkannt: Es ist ein skurriler Mikrokosmos, in dem wir leben! Beim Tanz um ein goldenes Kalb verlieren wir leicht die Distanz, und vieles erscheint uns reichlich absurd. Wir haben aber festgestellt, dass jede Art von Arbeit diesen Mikrokosmos schafft: Wo gehobelt wird, da sind auch Schreiner. Und das komplexe Übereinander von beruflichen Rollen, darunter liegendem Menschsein, Konkurrenz um Aufmerksamkeit und Anerkennung ist ein Gemisch, das immer Reibungen erzeugt, nervende und belastende Momente. Das ist ganz normal und unvermeidbar, wenn mehrere Menschen so viel Zeit in einem so beschränkten Raum miteinander verbringen.

Am Ende haben wir gesehen, dass auch unsere Kunden enorme Freiheitsbegrenzer sind, direkt oder indirekt. Vor ihnen können wir aber nicht fliehen, denn die Kunden geben unserer Arbeit überhaupt erst einen Sinn.

Warum haben wir uns das nun alles angeschaut?

Wir wollten klären, wie speziell unsere Probleme tatsächlich sind. Denn nur, wenn sie Einzelfälle sind, nur wenn unser Schicksal ganz konkret mit unserer jetzigen Tätigkeit verbunden ist – nur dann besteht eine Aussicht darauf, dass es woanders wesentlich besser sein könnte. Nur dann haben wir Grund zu der Hoffnung, dass beim nächsten Job alles besser wird. Doch all diese Probleme sind mehr oder weniger universell und bestehen losgelöst von unserer derzeitigen Tätigkeit; sie sind in der menschlichen Psyche verankert, im menschlichen Miteinander, in grundsätzlichen Strukturen der menschlichen Arbeitswelt. Daher haben Sie sich sicher an der ein oder anderen Stelle wiedererkannt – obwohl wir ja gar nicht wissen, was und wo Sie arbeiten.

Wenn wir rational denken, können wir aus all dem nur die Schlussfolgerung ziehen:

Beim nächsten Chef wird's auch nicht anders.

Unsere inneren Wünsche und der psychologische Arbeitsvertrag

Obwohl wir spätestens jetzt wissen, dass unsere Probleme universell sind und uns deshalb auch im nächsten Job wieder begegnen werden, juckt es uns in den Fingern. Wir können es einfach nicht lassen, die Stellenanzeigen zu lesen, ständig kreisen unsere Gedanken um einen neuen Job, um einen Neustart, ganz woanders.

Was treibt uns an?

Nun, es gibt zum einen die Push-Faktoren, die uns weg von dem Job treiben, den wir haben. Denn völlig egal, ob es woanders besser ist oder nicht: Wir sind von unserem jetzigen Job nun mal enttäuscht. Ernüchtert. Wir kommen uns verschaukelt vor, obwohl wir die Tätigkeit ausüben, die in unserem Vertrag steht und obwohl wir das Gehalt bekommen, das dort eingetragen ist.

Das lässt sich auch wissenschaftlich erklären: Unser Arbeitsvertrag enthält nicht nur das Groß- und Kleingedruckte, sondern auch gar nicht Gedrucktes. Das sind all die Erwartungen, Hoffnungen und Wünsche an den Arbeitgeber, die wir in uns tragen, mit denen wir ins Vorstellungsgespräch gekommen sind und unsere Arbeit aufgenommen haben. Umgekehrt hat unser Arbeitgeber auch unausgesprochene Erwartungen an uns. Wir nennen das den psychologischen Arbeitsvertrag. Ihn schließen wir neben dem »normalen« Arbeitsvertrag ab, ohne Worte, auf einem unsichtbaren Blatt Papier.

Und in diesem psychologischen Arbeitsvertrag legen wir fest, welche persönlichen Erwartungen wir mit unserem Job verbinden, dass wir Aufmerksamkeit, Dank und Anerkennung erwarten, mitgestalten möchten und nicht nur äußeren Zwängen ausgesetzt werden, dass man uns gerecht, höflich und anständig behandelt. Der Arbeitgeber legt fest, dass er engagierte und gute Arbeit erwartet, dass wir uns in die Hierarchien einfügen, das Unternehmenswohl im Blick haben und nicht nur an uns selbst denken.

Schon diese Aufzählung zeigt, dass es gegensätzliche Interessen gibt. Dieses sehr komplexe Geben und Nehmen kann leicht aus dem Gleichgewicht geraten. Und wir wissen bereits, dass unsere Erwartungen ohnehin meist etwas zu hoch sind. Wenn diese unausgesprochenen Hoffnungen nun enttäuscht werden, dann stimmt das Gleichgewicht im psychologischen Arbeitsvertrag nicht mehr.

Die sachliche Lösung, die wir Ihnen in diesem Buch nahelegen, lautet: Rücken Sie die Erwartungen in Ihrem psychologischen Arbeitsvertrag näher an die Realität heran. Wie Sie das guten Mutes schaffen, erklären wir Ihnen im zweiten Teil dieses Buches. Weil wir unsere Erwartungen aber ungern herunterschrauben, reagieren wir in der Regel anders: Wir versuchen das Gleichgewicht wieder herzustellen, indem wir unsere eigenen Leistungen verringern. Das heißt konkret: Wir schieben Dienst nach Vorschrift, aber engagieren uns nicht so, wie es sich unser Arbeitgeber vorgestellt hat. Wir arbeiten auf Sparflamme; das Wohl unseres Arbeitgebers interessiert uns nicht mehr. Diesen Zustand nennt man auch innere Kündigung. Oder aber wir machen aus der inneren Kündigung eine äußere und beenden das gesamte Arbeitsverhältnis auch formell. In der Regel geht der äußeren Kündigung immer erst eine innere Kündigung voraus.

Auf der anderen Seite stehen die Pull-Faktoren, die uns zum Überlaufen locken, die auf der anderen Straßenseite stehen und uns zurufen: Komm nur herüber; es ist so leicht! Nimm einfach den Zebrastreifen! Hier ist alles besser! Vergiss alles, was du in Büchern über universelle Probleme am Arbeitsplatz gelesen hast!

Die Pull-Faktoren sind zahlreich. Zu ihnen gehören zunächst die Stellenanzeigen, über die wir bereits im ersten Kapitel sprachen und die allgegenwärtig sind. Und wie verführerisch klingen diese Stellenanzeigen: »Es erwartet Sie eine Tätigkeit mit großem Gestaltungsspielraum in einem jungen, dynamischen Team.« Gestaltungsspielraum – ist das nicht genau das, was uns momentan fehlt? Und ein junges, dynamisches Team – das hört sich nach umgänglichen Kollegen an, nach einem angenehmen Arbeitsklima, nicht nach den Dumpfbacken, mit denen wir uns hier abgeben müssen. Nach fairer Teamarbeit »... bei leistungsgerechter Bezahlung ...« Na bitte! Dort wüsste man unsere Leistungen wohl noch zu schätzen. »Eine herausfordernde Tätigkeit in internationalem Umfeld ...« Ja, eine Herausforderung, die hatten wir schon lange nicht mehr! Am Anfang war es ja noch ganz interessant hier. Aber wie schnell ist es zur Routine geworden.

Vielleicht klingelt in einem solchen Moment auch noch das Telefon. Und es ist zur Abwechslung nicht für uns als Mitarbeiter, als Rädchen im Unternehmen – sondern für uns ganz persönlich! Wir trauen unseren Ohren nicht:

»Spreche ich mit Herrn Selig persönlich?«

Da nimmt uns tatsächlich jemand als Individuum wahr und nicht nur als Personalnummer oder als Namenskürzel.

Ganz aufgeregt stottern wir »ja«. Und noch einmal »ja« auf die Frage, ob wir einen Moment ungestört telefonieren könnten. Schnell machen wir die Tür zu und nehmen nervös den Hörer zurück ans Ohr.

»Herr Selig, können Sie sich vorstellen, sich beruflich zu verbessern?«, heißt es am anderen Ende der Leitung.

Und ob wir das können! Tausend Verbesserungsmöglichkeiten rauschen uns gleichzeitig durch den Kopf: mehr Geld, mehr Anerkennung, mehr Einfluss, weniger Stress. Und vor allem: nettere Vorgesetzte!

»Es geht um einen Managerposten bei einem großen Unternehmen im IT-Bereich«, hören wir weiter.

»Und wie kommen Sie da gerade auf mich?«, fragen wir ungläubig.

»Nun ja, Herr Selig, ich sage mal so: Wer in der IT-Branche eine solche Stelle besetzen will, kommt um den Namen ›Markus Selig‹ nicht herum«, schmeichelt man uns.

Am liebsten würden wir unsere Chefin zuschalten. Die sitzt drüben am anderen Ende des Flurs und hat uns heute den ganzen Tag noch nicht beachtet, obwohl wir gestern Abend noch lange im Büro waren, um ihr ein wichtiges Vorstandsbriefing zu Ende zu schreiben. Wie anders sind da Menschen, die extra unsere Durchwahl herausfinden! Die keine Mühen scheuen, um uns ganz persönlich zu erreichen, denen etwas daran liegt, uns ganz persönlich für eine neue Stelle zu gewinnen.

»Die Bezahlung liegt selbstverständlich weit über dem Durchschnitt«, teilt uns der Headhunter noch mit, als wir längst entschieden haben, uns mit ihm zu treffen.

Auch die Unternehmen selbst setzen immer mehr daran, es Überläufern einfach zu machen. Der Arbeitsmarkt hat in den letzten Monaten angezogen, der Bedarf an Fach- und auch Führungskräften ist nicht leicht zu decken. Wer noch vor Kurzem froh sein konnte, auf hundert Bewerbungen ein Vorstellungsgespräch zu bekommen, bei dem häufen sich heute oft schon die Jobangebote im Briefkasten. In der ersten Jahreshälfte 2010 waren zeitweise mehr als 800 000 offene Stellen gemeldet. Das beschert jedem, der sich verändern will, ein Hochgefühl – und ein Machtgefühl gegenüber dem derzeitigen, oft so sehr gehassten Chef. Und was denken sich die Unternehmen dabei nicht alles aus: Kinderbetreuung im Betrieb, Fitnessstudio auf der Etage, Sterneköche in der Kantine, Yoga, Ernährungskurse, spezielle Weiterbildungs- und Förderprogramme, ausgeklügelte Altersvorsorge.

Und einer der größten Fluchthelfer sitzt in uns selbst: Es ist unser eigenes Gehirn. Das Zweifeln, das ewige Grübeln, die aufzehrende Frage »Soll ich nicht alles ganz anders machen?« – all das ist quasi in uns eingebaut. Wissenschaftler haben in unserem Gehirn zwei Regionen ausfindig gemacht, die diese Zweifel ständig produzieren: den anterioren cingulären Cortex und den Nucleus caudatus. Angesichts der vielen, vielen Möglichkeiten in unserem Leben werden wir uns immer fragen: »Ist das, was ich tue und denke, richtig?« Und diese Frage ist auch grundsätzlich gut; sie macht uns zu aufgeklärten Menschen.

Diese Hirnregionen scheinen heute mit dem Internet Hand in Hand zu arbeiten. Das World Wide Web nämlich zeigt uns noch einmal sehr anschaulich, wie viele Möglichkeiten es tatsächlich gibt, unser Leben ganz anders zu gestalten. Da surfen wir oft stundenlang auf Kontakt- und Businessplattformen, finden unsere alten Schul- und Studienkameraden wieder, schauen uns deren Lebenswege an. Da ist Sandra, die in der Schule immer so still war. Heute ist sie offenbar Werbetexterin. Klick – wir surfen zur Homepage ihrer Agentur. Das sieht aber alles kreativ aus! Die hat sich selbst verwirklicht! Vielleicht wäre so ein Job auch etwas für uns? Oder Kai, der inzwischen Lehrbeauftragter für Biochemie an einer Universität in den USA ist. Klick – da finden wir schon seine ausführliche Vita. Was der aus sich gemacht hat! Und wir sitzen hier in unserem grauen

Büro. Und schon klicken wir uns zur nächsten Seite im Netz der unbegrenzten Möglichkeiten. Wie kann man bei so vielen möglichen Lebenswegen sicher sein, selber das Richtige getan zu haben? Das ist unmöglich. Man kann es nicht. Wir müssten erst alles ausprobieren, um dann am Ende zu entscheiden, was am besten war. Aber dafür reicht unsere Lebenszeit nicht aus. Und schon klicken wir weiter und träumen uns in alternative Welten …

All das lässt die Emotionen in uns hochkochen: »Ich will hier weg! Es gibt noch so viele andere Möglichkeiten! Dann müsste ich mich nicht weiter mit den Problemen hier herumärgern.«

Dabei sagt uns unser Verstand: Die meisten unserer Probleme im Arbeitsleben sind universell.

Ärger im Kopf, Schmetterlinge im Bauch

Aber manchmal ist es schwierig, Kopf und Bauch miteinander in Einklang zu bringen. Denn nicht selten arbeiten sie gegeneinander. Es ist dann wie in einer Beziehung: Je mehr Dinge uns im Partnerschaftsalltag ärgern, je öfter wir über die offene Zahnpastatube im Bad fluchen, desto empfänglicher werden wir für externe Reize. (Wussten Sie, dass 75 Prozent aller Paare eine offene Zahnpastatube als einen Hauptgrund für Streit in ihrer Beziehung angeben?) Wir halten Augen und Ohren offen, schauen, was sonst noch nicht stimmt und sind viel empfänglicher für den tiefen Blick, den uns die geheimnisvolle Fremde an der Bar zuwirft. Lächeln zögerlich zurück. Lassen uns vielleicht sogar zu einem Flirt hinreißen.

So sitzen wir also da, haben die Stellenanzeigen vor uns, und aus ihnen zwinkert uns auch eine »geheimnisvolle Fremde« verheißungsvoll zu. Wir malen uns den anderen Job, der da so schön beschrieben wird, in allen Farben aus: Das könnte endlich eine Aufgabe sein, bei der wir wirklich gebraucht werden, bei der man uns zu schätzen weiß, uns anständig bezahlt. Und interessant und abwechslungsreich klingt diese Tätigkeit auch! Wie viel besser und aufregender als unser jetziges Leben könnte das sein! Wir bekommen regelrecht Schmetterlinge im Bauch und fragen uns, ob wir uns einen kleinen Fremdflirt leisten sollten. Und wir tun es – scheinbar haben wir ja nichts zu verlieren. Heimlich schreiben wir eine Bewerbung, schicken sie ab. Ein breites Grinsen huscht über unser Gesicht, als wir den Umschlag einwerfen. Wir haben der »geheimnisvollen Fremden« heimlich unsere Nummer zugesteckt. Das kribbelt.

Und während wir auf Antwort warten, erfüllt uns eine warme Vorfreude. Wenn wir diesen neuen Job bekämen – das wäre zwar kein Lottogewinn, aber immerhin: Es würde uns ebenso in die Lage versetzen, unserem jetzigen Chef endlich die Meinung zu sagen, ihm zu zeigen, dass wir nicht auf ihn angewiesen sind. Er hat sich nämlich daran gewöhnt, dass wir von ihm abhängig sind, und er rechnet nicht damit, dass sich das alles von einem Moment auf den anderen ändern könnte. Wenn er uns das nächste Mal dumm kommt, könnten wir einfach beiläufig murmeln: »Ich kündige sowieso.« Und dann würden wir es genießen, wie der Chef überrumpelt schaut und betreten hüstelt. Wir zögen lächelnd das Kündigungsschreiben aus der Tasche. Ganz souverän. Was für eine Genugtuung wäre das! Dass unser Chef von all dem nichts ahnt, macht es noch interessanter. Diese Vorfreude hilft uns in diesen Tagen sogar, seine Macken mit einer gewissen inneren Gelassenheit hinzunehmen; mit der Gelassenheit des Überlegenen, dessen Stunde noch kommen wird.

Und während wir träumen, ruft die »geheimnisvolle Fremde« tatsächlich an. Endlich! Schnell schließen wir die Bürotür. Unsere Bewerbung klinge gut, sagt die Anruferin. Gern würde sie uns persönlich näher kennenlernen. Wir vereinbaren einen Termin.

Dann das erste Date! Wie spannend! Wie nett ist unser potenzieller neuer Chef im Vorstellungsgespräch, wie interessiert an uns als Person, an unserer Weiterentwicklung! Er nimmt sich fast zwei Stunden Zeit für uns – so viel Zeit hatte unser derzeitiger Chef im letzten halben Jahr insgesamt nicht für uns. Wir dürfen ausgiebig erzählen; der neue Chef ermuntert uns durch Nachfragen, macht sich Notizen. Besonders interessiert ihn unser Hobby, die Naturfotografie. Danach hat sich in unserem derzeitigen Büro noch nie jemand erkundigt, aber dort sind wir ja auch nur eine Nummer.

Der potenzielle neue Chef bestätigt uns noch einmal, wie verantwortungsvoll die zu besetzende Stelle ist, welchen Gestaltungsspielraum sie bietet. Und natürlich: welches Gehalt gezahlt wird! 5000 Euro pro Jahr würde es mehr geben; na bitte, geht doch! Was für ein Sprung!

Unsere Schmetterlinge im Bauch tanzen, und die »geheimnisvolle Fremde« erscheint uns makellos schön. Wir machen uns keine Gedanken darüber, wie *sie* mit ihrer Zahnpastatube wohl umgeht. Es kommt uns nicht einmal in den Sinn, dass sie überhaupt eine Zahnpastatube haben könnte.

Beschwingt gehen wir nach Hause und stellen uns vor, wie wir unseren Abschied im Büro feiern. Einen kleinen Umtrunk werden wir wohl geben, die Kollegen dazu einladen. Der Chef wird dann gezwungen sein, ein paar Worte des Bedauerns darüber zu sagen, dass wir gehen. Wir werden großzügig sein und unsere kleine Abschiedsansprache nicht dazu nutzen, mit ihm abzurechnen. Wir haben das jetzt nicht mehr nötig. Alle werden uns beneiden, weil wir sie in ihrem Elend zurücklassen und in ein neues Leben starten. Wir aber werden gelassen strahlen – mit dem Lächeln des Siegers, der den Absprung geschafft hat, hin zu neuen Herausforderungen, zu interessanteren Aufgaben und vor allem: zu einer besseren Behandlung! Während wir tagträumen, klingelt das Telefon wieder. Die »gehcimnisvolle Fremde« hat sich für uns entschieden! Wir haben sie überzeugt! Schon in sechs Wochen sollen wir anfangen. Das passt wunderbar zu unserem Resturlaub.

Unser Abschied läuft wie geplant. Wir kosten es während der verbleibenden Wochen aus, dass wir nicht mehr abhängig von unserem alten Chef, von den alten Kollegen, von den alten Kunden sind. Im Zustand der Überlegenheit macht uns unser alter Job sogar für einen Moment wieder Spaß, weil wir Freiheit empfinden. Aber das ist nur die Vorfreude auf das, was kommt.

Dann ist es soweit: Wir kehren dem Martyrium den Rücken. Bereit für die neue Welt! Endlich mehr Geld, keine Demütigungen vom Chef mehr. Endlich sind wir wer und werden auch so behandelt.

Nie mehr offene Zahnpastatuben.

Erster Sex und erste Krise – oder warum Stellenanzeigen wie Reisekataloge sind

Im Haus der »geheimnisvollen Fremden« ist noch alles neu. Ein kleiner Blumenstrauß steht als Willkommensgruß auf dem Tisch. Wie aufmerksam! Der neue Chef sucht uns persönlich in unserem Büro auf, begrüßt uns und sagt, dass wir uns bei Fragen und Problemen jederzeit an ihn wenden könnten. Er habe immer ein offenes Ohr. Später stellt er uns den Kolleginnen und Kollegen vor, sagt, wie sehr er sich darüber freue, dass er uns gewinnen konnte, und schwärmt davon, wie qualifiziert wir sind. Er lobt uns am laufenden Band, und das öffentlich. Lob – wie lange haben wir so etwas schon nicht mehr gehört!

Aufgekratzt kehren wir in unser Büro zurück. Unsere Visitenkarten sind schon fertig, man hat an alles gedacht. Fast zärtlich streichen wir über ihre Oberfläche. Es steht »Manager« darauf, »Assistant Junior Manager«. Auf den bisherigen, die ohnehin nicht schön aussahen, stand nur »Referent Marketing«. Unser PC ist eingerichtet. Die E-Mails funktionieren. Was war das immer für ein Theater in unserem letzten Job mit den ständigen Serverausfällen!

Wir gehen in die Küche, holen uns einen Kaffee. Donnerwetter, das ist ein richtiger Espressoautomat! Kein billiger Filterkaffee mehr. Und kostenlosen Fruchtsaft gibt es auch. Die Kollegen beginnen ein nettes Gespräch, der Chef schaut kurz herein, lächelt uns zu. Was für eine gute Atmosphäre.

Die »geheimnisvolle Fremde« hat ihr Wort gehalten. So scheint es.

Ein paar Wochen später kommt die erste Gehaltsabrechnung. Endlich haben wir den satten Gehaltssprung schwarz auf weiß! Doch was da rechts unten steht, ist netto nicht einmal 200 Euro mehr als vorher. Seltsam. Wir rechnen nach: So wirkt sich ein Bruttojahresplus von 5000 Euro tatsächlich aus – im monatlichen Netto. So ganz anders wird unser Leben mit knapp 200 Euro mehr im Monat wohl nicht aussehen.

Unser netter neuer Chef grüßt uns zwar immer noch freundlich, wenn wir ihm auf dem Flur begegnen. Sonst hatten wir aber keinen nennenswerten Kontakt mehr mit ihm. Einmal haben wir versucht, ihn in ein Gespräch über unsere Naturfotografien zu verwickeln, weil er sich beim Vorstellungsgespräch dafür so interessiert hatte. Aber er war nicht näher darauf eingegangen.

Inzwischen haben wir auch unsere erste große Aufgabe erledigt: eine Strategie zur Kundenrückgewinnung zu entwickeln. Das Unternehmen kämpft mit diesem Problem schon lange, und wir haben da ein paar wirklich gute Ideen zu Papier gebracht und dem Chef gemailt. Dafür würden wir sicher ein großes Lob bekommen, dachten wir. Vielleicht sogar wieder öffentlich, bei der Mitarbeiterversammlung, wie damals. Stattdessen hat uns der neue Chef nun heute per E-Mail geantwortet. Unseren Entwurf hat er uns mit ein »paar kleinen Anmerkungen« zurückgeschickt. In Wirklichkeit ist das halbe Dokument mit Änderungen gespickt. Einige Dinge »gehen so nicht«, wie der Chef lapidar am Rand kommentiert hat, andere möchte er offenbar einfach kraft seines Chefseins anders machen. Irgendwie kommt uns das bekannt vor.

Beim Mittagessen haben wir die Kollegen inzwischen ein wenig besser kennengelernt. Jeder von ihnen scheint einen Zwillingsbruder zu haben – der in unserem alten Unternehmen arbeitet. Und »Assistant Junior Manager« nennen sich alle in der elfköpfigen Abteilung, wie wir inzwischen herausfinden mussten.

Wir sind wieder einer von vielen.

Plötzlich kommt der Moment, in dem in uns ein Schalter umkippt. Die Schmetterlinge im Bauch sind weg. Die »schöne Fremde« hat ihren Zauber verloren.

Und plötzlich fällt uns in ihrem Bad eine offene Zahnpastatube ins Auge.

Führen Sie sich diese mögliche Entwicklung immer wieder vor Augen, wenn die »geheimnisvolle Fremde« Ihnen zuzwinkert. Es gibt so viele Parallelen zwischen Beziehung und Job; alle wollen wir die große Liebe finden – doch wer will sich mit den Niederungen des Alltags abgeben? So ist es auch im Job. Alle suchen wir den Traumjob, aber die normale Berufsroutine, die wollen wir nicht haben. Wir verlieben uns in einen neuen Partner, in einen neuen Job, und die rosarote Brille macht für einen Moment alles gut. Aber schon nach wenigen Wochen sind wir wieder im Alltag gelandet. Weil der Alltag unser Leben ist. Und bleibt.

Lernen Sie also, die Versprechungen der »geheimnisvollen Fremden« richtig zu deuten. Stellenanzeigen zu lesen ist eine

Kunst. Der Stellenmarkt ist nicht anders als ein Reiseprospekt: Je schöner es klingt, desto ernüchternder ist manchmal die Realität. Wenn wir aber die universellen Probleme des Arbeitslebens im Kopf haben, dann wissen wir: Ein »leistungsangemessenes Gehalt« kann uns immer nur so zufrieden machen, wie die Tricks unserer Psyche es zulassen. Es wird uns subjektiv immer zu niedrig vorkommen. Ein »großer Gestaltungsspielraum« kann uns immer nur so viel Freiheit geben, wie eben übrig bleibt, wenn man einer unter vielen in der Welt des Arbeitslebens ist und mit anderen, für andere arbeitet, ihre Interessen berührt. Und die »abwechslungsreiche, herausfordernde Tätigkeit« bleibt nur so lange abwechslungsreich und herausfordernd, bis wir uns an sie gewöhnt haben. Der Macht der Gewöhnung kann niemand von uns entkommen. Und schließlich: Auch das »junge, dynamische Team« besteht aus Menschen, die um das goldene Kalb tanzen. Mit allen Reibereien und Problemen, die immer dort entstehen, wo mehrere Menschen auf einem Fleck dasselbe tun.

Wenn wir uns das nur gut genug vor Augen führen, dann stellen wir fest: Eine Kündigung wäre nicht mehr als eine Pinkelpause im ewig gleichen Film.

Und vielleicht entschließen Sie sich, zu bleiben. Vorerst. Ihre Probleme sind damit noch nicht gelöst. Denn wir haben in diesem ersten Teil des Buchs vor allem geklärt, wie Sie Ihre Probleme höchstwahrscheinlich *nicht* lösen werden: durch einen Jobwechsel. Diese Einsicht ist schon einmal sehr wichtig und die Grundlage für alles, was noch kommt. Mit dieser Erkenntnis können Sie viel Energie sparen, die für die ständige rastlose Suche nach dem perfekten Job sonst draufgegangen wäre. Diese gesparte Energie können Sie nun anders einsetzen. Doch wir lassen Sie natürlich nicht mit ungelösten Problemen allein. Der Schlüssel zu einem zufriedenen Arbeitsleben trotz der universellen Probleme, die es für uns bereithält, liegt ganz woanders:

bei Ihnen selbst. Wie Sie ihn finden und ins Schloss stecken, verraten wir Ihnen im zweiten Teil.

Nerv dich selbst, sonst nervt dich keiner – die liebe Selbstständigkeit

Lassen Sie uns vorher noch einen Blick auf eine Alternative werfen, die wir oben bereits angedeutet haben: Viele suchen ihr Glück in der Selbstständigkeit. Wenn es beim nächsten Chef auch nicht anders wird, dann schaffen wir den Chef eben ab! Wir werden unser eigener Chef. Für viele scheint der Schritt vom Angestellten zum Unternehmer im Prinzip die einzige Stellschraube zu sein, an der man drehen muss, um glücklich zu werden. Holm Friebe und Sascha Lobo etwa beschreiben in ihrem Buch *Wir nennen es Arbeit* die »Angestelltenwelt und ihren insgesamt miserablen Zustand«; für die beiden Autoren ist »jede Form der abhängigen Lohnarbeit« eine »milde Krankheit«. Die Festanstellung ist Notwendigkeit, die Selbstständigkeit bedeutet Freiheit. Ihr Grundrezept: ein Notebook, Internetzugang, ein Platz im Café, ein Netzwerk von Leuten, mit denen man zusammenarbeitet und die einem Aufträge geben können.

Ohne Chef im lauschigen Café statt mit Chef auf einem wackeligen, altmodischen Bürostuhl? Das klingt gut. Eberhard Rathgeb fasste dieses Konzept in der *Frankfurter Allgemeinen Zeitung* so zusammen: »Draußen bewegt sich die Welt, drinnen bewegt man sich auf der Karriereleiter. Draußen steht man auf seinen eigenen schnellen Beinen, drinnen sitzt man auf seinem platten Hintern. Draußen erwarten einen tausend Netzwerke, drinnen erwarten einen tiefe Depressionen. Draußen arbeiten die Leute so, wie sie leben wollen, drinnen leben die Leute so, wie sie arbeiten müssen.«

Sind wir denn völlig bescheuert, wenn wir noch angestellt arbeiten?

Wir haben für dieses Buch auch mit vielen Selbstständigen gesprochen. Ehrlicherweise muss man sagen: Im Schnitt scheinen sie tatsächlich einen Tick zufriedener zu sein als Angestellte. Das Bewusstsein, zumindest in die eigene Tasche zu wirtschaften und nicht in eine fremde – das macht sich durchaus bemerkbar. Diese Gewissheit lässt viele Selbstständige so manches Problem besser ertragen. Allerdings, das sei gleich hinzugefügt, erkaufen sich die Selbstständigen dieses Bewusstsein teuer: Eine Selbstständigkeit aufzubauen und am Laufen zu halten, ist schwer. Es erfordert Kapital, Können, Glück und Durchhaltevermögen. Mindestens. Sehr viele Selbstständige haben uns berichtet, dass sie während der ersten Jahre mehr oder weniger in ihrem Büro übernachtet haben. Dass selbst diese Nächte oft durchwacht waren, weil die frisch gebackenen Unternehmer nicht wussten, ob sie im nächsten Monat noch die Miete würden zahlen können, ob sie sich einmal eine Altersvorsorge würden aufbauen und den Mitarbeitern ihre Gehälter pünktlich würden zahlen können. Und sie haben uns berichtet, dass bang durchwachte Nächte seitdem nie wieder ganz aus ihrem Leben verschwunden sind, selbst zu Zeiten, in denen der Laden ganz gut läuft.

Aber von den besonderen Herausforderungen der Selbstständigkeit einmal abgesehen: Was ist mit all den Problemen des Angestelltendaseins, die wir bisher beleuchtet haben? Wird man die denn wenigstens los? Nun, natürlich steckt zwischen den Zeilen von Eberhard Rathgeb auch eine gehörige Portion Ironie, denn wenn die Selbstständigkeit die Lösung aller Probleme wäre, dann wäre schon lange niemand von uns mehr angestellt.

Wir haben in unseren zahlreichen Gesprächen jedoch festgestellt, dass die universellen Probleme des Arbeitslebens auch vor dem Reich der Selbstständigkeit nicht haltmachen. So ziemlich alle von ihnen finden sich auf die ein oder andere Art und Weise dort wieder:

Wer gutes Geld verdient, will immer mehr. Daran ist unsere Psyche schuld, und das geht auch Selbstständigen nicht anders. Zwar kann ein Selbstständiger nicht seine Vorgesetzten dafür verantwortlich machen, dass er zu wenig verdient. Er muss die Gründe bei sich selbst suchen, was viel tiefere Krisen auslösen kann. Und aus dem Vorsatz »Nächstes Jahr suche ich mir einen besser bezahlten Job« wird »Nächstes Jahr muss ich irgendwie noch mehr Geld reinholen«. Beide Vorsätze sind nicht einfach umzusetzen.

Ein Selbstständiger hat auch nicht damit zu kämpfen, dass sein Chef ihm Anerkennung verweigert – denn er hat gar keinen Chef, der ihm Anerkennung geben könnte. Er muss sich die Bestätigung anderweitig besorgen.

Und Freiheit? Ist das nicht der Hauptbeweggrund für den Sprung in die Selbstständigkeit? Eine engagierte Unternehmerin sprach mit uns sehr offen über ihre Ernüchterungen: Sie hatte in der Presseabteilung eines mittelständischen Unternehmens als fest angestellte Redenschreiberin gearbeitet. Oft rief ihr Chef sie noch spät abends an und hatte Nachfragen zu einem Text. Oder er sagte ihr, dass er bis »morgen früh um zehn« eine neue Fassung brauche. Wenn ihr Text gut war, gab es keinerlei Rückmeldung. Die Pressereferentin hatte es satt. Sie machte sich mit einer Textagentur selbstständig und fand auch Kunden. Aber sie musste feststellen, dass sich im Prinzip nicht viel geändert hatte: »Plötzlich klingelte wieder abends um elf mein Handy. Da war ein Kunde dran. Meinem Chef konnte ich wenigstens in ganz krassen Fällen noch sagen: Ich habe Feierabend. Deswegen hätte er mich nicht rausschmeißen können. Wenn ich das aber einem Kunden abends um elf sage, erwidert der: Dann haben wir eben ab morgen eine andere Agentur. Und recht machen kann ich es den pingeligen Auftraggebern offenbar noch weniger als früher meinem Chef. Auf Lob hoffe ich schon gar nicht mehr; ich bin froh, wenn sie pünktlich das Honorar zahlen und ich keine Mahnung schicken muss.«

Diese Geschichte haben wir so oder so ähnlich von fast allen Selbstständigen gehört. Die Kunden übernehmen die Funktion des früheren Chefs und begrenzen die Freiheit. Sie geben Anweisungen, kritisieren, können auch ganz schön schikanieren. Weil der Puffer des Arbeitsrechts fehlt, knallen die Parteien hier oft sogar noch einmal deutlich schärfer aufeinander. Die »Freiheit des Selbstständigen« wird durch Abgabetermine, Verabredungen, Vorgaben nicht weniger eingeschränkt als im Angestelltenleben: Wenn ein Selbstständiger am Montagmorgen um neun einen Kundentermin hat, vermiest ihm das den Sonntagnachmittag nicht anders, als wenn er am nächsten Morgen um neun ins Büro seines Arbeitgebers müsste. Auch stellen viele Freiberufler plötzlich fest, dass ihre vermeintliche Freiheit in einem engmaschigen Netz gesetzlicher Vorgaben gefangen bleibt: Selbstständige leiden vor allem unter einer Fülle gesetzlicher und berufsständischer Vorschriften, die ihnen das Leben schwer machen und ihnen wenig Spielraum lassen – das stellte das Institut der deutschen Wirtschaft in Köln unter dem Titel »So richtig frei ist anders« in einer Untersuchung fest. Davon kann jeder ein Lied singen, der einmal ein Restaurant, eine Apotheke oder auch nur einen einfachen Internetversandhandel von zu Hause aus eröffnen wollte. Und damit nicht genug: Die Kunden geizen noch erbarmungsloser mit Anerkennung als der frühere Chef, denn auch in ihrem Leben ist man einer unter vielen. Und – das ist müßig zu sagen – alle Probleme, die der Umgang mit Menschen grundsätzlich mit sich bringt, bleiben auch im Selbstständigenleben erhalten. Auch dort gibt es nicht die kleine weiße Kammer, in der man abgeschnitten von der Außenwelt vor sich hin arbeitet. Reduziert man das Leben als Selbstständiger auf die Grundprobleme der menschlichen Arbeit, tauchen die alten Bekannten aus dem Angestelltenleben in irgendeiner Form eben doch wieder alle auf.

Wann Wechsel wirklich Wunder wirken

Damit wir uns aber nicht falsch verstehen: Nicht jeder muss auf Biegen und Brechen seinen Job behalten, wenn er dort auf unüberwindbare Probleme stößt. Natürlich ist es nicht völlig egal, für wen Sie arbeiten. Aber es ist viel, viel unwichtiger, als Sie denken. Der Automatismus »Probleme im Job löst man durch Jobwechsel« stimmt so meist nicht und führt nur zu immer neuen Enttäuschungen.

Wann sollten wir einen Wechsel in Angriff nehmen? Dann, wenn unsere Probleme tatsächlich erheblich von den universellen Problemen am Arbeitsplatz abweichen, die wir bisher kennengelernt haben. Wenn sich von einem wirklichen Ausnahmefall sprechen lässt. Ein Beispiel dafür haben wir bereits erwähnt: Wenn wir nicht nur subjektiv gern mehr Geld hätten (was immer der Fall ist), sondern objektiv weit unter Marktpreis abgespeist werden, ist es Zeit, zu gehen. Ähnlich liegen die Dinge, wenn wir das Zeug und den Willen zum Aufstieg haben, bei unserem derzeitigen Arbeitgeber aber schlicht die Decke erreicht ist. Dann sollten wir nicht bis zur Rente auf dieser Karriereendstation verharren. Gleiches gilt, wenn nicht nur die Macht der Gewohnheit unserer Arbeit den Kick genommen hat, sondern wenn wir mit unserer Tätigkeit grundsätzlich unterfordert sind. Oder umgekehrt: Wenn wir nicht nur den Stress des Arbeitslebens an sich wahrnehmen, sondern Albträume haben, weil wir dauerhaft *über*fordert sind. Weil wir merken, dass wir grundsätzlich einen völlig falschen Weg eingeschlagen haben. Solche Fehler passieren, und wir tun gut daran, sie uns einzugestehen und Konsequenzen daraus zu ziehen. Die klassischen Beispiele sind der OP-Arzt, der plötzlich feststellt, dass er doch kein Blut sehen kann, oder der Lehrer, dem vor Aufregung die Stimme versagt, wenn er vor einer Klasse sprechen soll. Und dann gibt es tatsächlich auch Fälle, in denen Persönlichkeiten aufeinanderprallen, die beim besten Willen nie miteinander auskommen werden, wie sehr sie sich auch zusammenreißen, und bei denen es immer heftig krachen wird. Auch dann sollte einer von beiden weiterziehen. Und selbstverständlich müssen wir auch dann die Notbremse ziehen, wenn sich normale Reibereien zwischen Menschen zu einem ausgewachsenen Mobbing entwickeln.

Aber Vorsicht! Die Kunst besteht darin, die Trennlinie zwischen »universellem Problem der Arbeitswelt« und »echtem Einzelfallproblem meines ganz konkreten Jobs« zu erkennen. Nicht jeder Ärger mit dem Chef bedeutet, dass zwei miteinander unvereinbare Persönlichkeiten aufeinandergeprallt sind. Im Gegenteil: In den allermeisten Fällen ist es eben der ganz normale Chef-Ärger, den man in jedem anderen Job auch auf ähnliche Art und Weise und in ähnlichen Dosen erleben wird. Und nicht jeder Ärger mit Kollegen ist gleich Mobbing. Wenn Ihre Klagen die üblichen sind: zu wenig Geld, zu wenig Wertschätzung, zu wenig Anerkennung, zu wenig Gestaltungsspielraum, zu viel Chef-Einmischung, nervende Kollegen und Kunden – dann haben Sie die gleichen Probleme wie so ziemlich alle anderen auch. Und die werden Ihnen in jedem anderen Job wieder auflauern.

Dann bringt ein Wechsel keine echte Lösung, sondern nur eine weitere Stufe auf der Leiter der Enttäuschungen. Viele Menschen, mit denen wir für dieses Buch sprachen, sagten uns: »Ich bin unzufrieden und würde gern etwas anderes machen. Aber ich weiß auch gar nicht so recht, was ich eigentlich lieber machen würde.« Geht Ihnen das auch so? Sie sind mit Ihrem jetzigen Job unzufrieden, wissen aber nicht so recht, in welchem Job das eigentlich alles anders wäre? Das ist ein wichtiges Indiz dafür, dass Sie mit universellen Problemen der Arbeitswelt kämpfen.

Auch wenn Sie glauben, ein wirklicher Wechselkandidat zu sein: Lesen Sie unbedingt noch den zweiten Teil dieses Buches und probieren Sie die dort beschriebenen Übungen aus. Vielleicht stellt sich dann doch noch heraus, dass ein wenig Arbeit an sich selbst auch bei Ihnen so manches Problem beheben kann.

TEIL 2

Machen Sie den Job, den Sie haben, zu dem Job, den Sie wollen

Ihr Job – Ihr Leben. Was wirklich dahintersteckt

Die Wunde liegt jetzt offen! Wir haben festgestellt, dass die meisten Probleme in unserem Job universell sind und wir sie durch einen Wechsel nicht loswerden können. Beim nächsten Chef wird auch nichts anders! Eine wichtige Erkenntnis. Doch unsere Probleme bleiben damit erst einmal bestehen. Was nun, was tun? Schauen wir, wie wir den Karren trotzdem aus dem Dreck ziehen können, und beginnen wir noch einmal von vorne.

Und täglich grüßt die Arbeit … Warum wir im Hamsterrad sitzen

Wir verbringen täglich durchschnittlich acht bis neun Stunden bei der Arbeit, das sind pro Woche etwa 45 Stunden, pro Monat 175, im Jahr dann 2100 Stunden – Überstunden und Urlaub nicht mitgerechnet. Nach 40 Arbeitsjahren – es werden ja eher mehr als weniger – haben wir circa 85 000 Stunden gleich 5 040 000 Minuten gleich läppische 302 400 000 Sekunden in der Hölle geschmort! Ganz zu schweigen von Feierabenden und Feiertagen, von Wochenenden und Ferienzeiten, während derer uns quälende Gedanken an den Job martern. Und wenn wir bedenken, dass uns der Arbeitsalbtraum bis in den Schlaf verfolgt, hören wir besser ganz auf zu zählen. »Nichts wie raus da; je schneller, desto besser!«

Das ist der erste Impuls. Und der zweite und der dritte … und der letzte. Wollen Sie so enden? Sind Sie schon am Ende? Im Schrecken ohne Ende?

Vergessen Sie für einen kurzen Moment das ganze Drama und lehnen Sie sich einmal entspannt zurück. Schließen Sie die Augen. Atmen Sie tief in den Bauch; mit dem Einatmen hebt und mit dem Ausatmen senkt er sich. Zählen Sie bis zehn. Merken Sie, wie langsam die Zeit vergeht? Merken Sie, wie kostbar zehn Sekunden sind? Ahnen Sie, was 302 400 000 Sekunden Ihres Lebens bedeuten? Wachen Sie auf aus diesem Albtraum, oder wollen Sie ewig so weitermachen?

Leichter gesagt als getan, denn die Gedanken sind tückisch. Sonst säßen Sie jetzt nicht hier, mit diesem Buch in Ihren Händen. Das Problem ist nämlich das Folgende: Natürlich gibt es – vorsichtig formuliert – Unerfreulichkeiten in Ihrem Leben. Natürlich ist es nicht fair, wie Ihre Kollegen Sie behandeln. Natürlich hat Ihr Boss Unrecht, wenn er so tut, als wäre Ihre Arbeit nichts wert. Natürlich wären Sie selbst weniger belastet, wenn alle anderen sich auch an die Absprachen hielten, wenn Ihr Partner nach Feierabend aufmerksamer und die Nachbarn rücksichtsvoller wären, wenn die Kinder ein bisschen mehr im Haushalt täten. Wenn, wenn, wenn, hätte, hätte, hätte … und sowieso. Das alles wollen wir Ihnen nicht nehmen. Sie haben ja vollkommen recht! Diese Dinge sind so, wie sie sind, und sie bleiben gegebenenfalls auch so.

Die eigentliche Frage aber lautet: Wie denken Sie über diese Dinge? Und was lösen Ihre Gedanken dann wiederum bei Ihnen und in Ihrem Leben aus?

Undank ist der Welten Lohn. Darüber wollen wir hier nicht streiten. Und darüber wollen wir uns gleich in Ruhe, im nächsten Kapitel, unterhalten. Verständigen wir uns also zunächst darauf, dass das Leben wirklich gemein und ungerecht sein kann und dass Sie mit Ihren Unzufriedenheiten und mit Ihrer

Kritik völlig richtig liegen. Es ist wirklich schwierig, und Sie wissen oft einfach nicht, was Sie machen sollen, wie Sie reagieren können.

Und jetzt kommen wir zum sogenannten *Hamsterrad-Phänomen* – und zu dem, was uns von den echten Hamstern unterscheidet: Obwohl Sie völlig zu Recht die Dinge so sehen, wie Sie sie sehen, machen Sie es durch Ihre Gedanken schlimmer, machen Sie sich Ihr Leben unnötig schwer, bringen Sie sich selbst ins Grab.

Wir alle sind zunächst wie Hamster im Laufrad: Wir wurden in dieses Leben hineingeworfen, sind groß geworden, haben unsere Aufgaben, unsere Rechte und unsere Pflichten. Mal läuft es geschmeidig, mal quietscht und klemmt das Rad, mal kommen wir in Schwung, mal läuft es stockend. Mal ist es mehr und mal weniger anstrengend.

Eines unterscheidet uns Menschen aber vom Hamster: Wir denken über das, was wir tun, nach, wir bewerten es, finden es gut, finden es blöd, und vor allem: wir intervenieren. Intervention kommt aus dem Lateinischen *(intervenire)* und bedeutet so viel wie dazwischentreten, unterbrechen, durchkreuzen. Wir durchkreuzen also unseren eigenen Schicksalsplan, wir treten daneben und geraten ins Straucheln. Was sonst weitgehend automatisiert ablaufen kann und uns dadurch unser Leben erleichtert, sodass wir unseren »Job einfach machen« können, wird unterbrochen. Wir geraten aus dem Tritt, müssen uns noch mehr anstrengen, sind erschöpft, fühlen uns schlecht, haben Schmerzen, die wir uns selbst zufügen. Dafür hassen wir uns zu allem Überfluss. Die Schmerzen werden größer. Je mehr wir über das, worunter wir leiden, nachdenken und grübeln und damit hadern, desto mehr leiden wir. Unser Denken – auf das wir ironischerweise meistens auch noch so stolz sind – ist eine Doppelbelastung und Falle: Durch das Denken sind wir nicht ganz bei der Sache, machen Fehler, dann brauchen wir logischerweise länger, woraufhin die Arbeit noch weniger Spaß macht, was unsere Zweifel wachsen lässt, die wiederum unsere Konzentration stören. Ein höllisch grausames Teufelskreis-Hamsterrad.

Nur damit wir uns nicht missverstehen: Das Hamsterrad-Phänomen ist damit beschrieben, aber das Problem ist natürlich noch nicht gelöst. Das werden wir wissenschaftlich und systematisch in den nächsten Kapiteln tun, indem wir Ursachenforschung betreiben und schauen, woher das oben Beschriebene kommt.

Bevor wir diesen nächsten gemeinsamen Schritt gehen, wollen wir weder höhnisch sein noch missionarisch erscheinen, wenn wir Ihnen das bekannte Gelassenheits-Gebet als kleine »Vorschau« mit in die folgenden Seiten geben:

»Gott gebe mir die Gelassenheit, Dinge hinzunehmen, die ich nicht ändern kann, den Mut, Dinge zu ändern, die ich ändern kann, und die Weisheit, das eine vom anderen zu unterscheiden.«

Unterscheidungskraft, Mut und Gelassenheit – als wesentliche Bestandteile des *Selbstrespekts* –, das sind die Themen, mit denen wir uns nun auseinandersetzen.

Warum so eilig? Oder sind Sie auf der Flucht?

Mal ehrlich: Ist es nicht erschreckend und traurig zugleich, wie sehr wir uns mühen und abstrampeln, wie wir kämpfen, versuchen, das Hamsterrad am Laufen zu halten, wie wir stürzen und wieder aufstehen, wie wir uns beeilen, immer schneller und immer schneller … Das Ganze wirkt fast wie eine Fluchtszene in einem schlechten Film – nur leider ist dieser schlechte Film unser Leben.

Wie kommt es denn, dass wir es immer eilig haben, immer unzufrieden und immer auf der Flucht sind? Und wovor fliehen wir eigentlich?

Wir haben gesehen, dass wir große Teile unserer Realität selbst schaffen, dass wir durch unsere Gedanken und unsere Bewertungen, Vorlieben und Abneigungen die Wirklichkeit beeinflussen, uns teilweise selbst im Weg stehen und uns auch manchmal zu Fall bringen. Vor genau dieser selbst geschaffenen Wirklichkeit fliehen wir. Und auch die Arbeit, vor der wir irgendwann fliehen wollen, ist »nur« eine Flucht. Vor der Flucht vor der Flucht vor der Flucht ... Es gibt keinen Anfang und kein Ende. Wir fliehen vor vielem, ab und zu sogar vor allem: vor dem Partner, vor der Familie, vor den Kindern, den Freunden, den Bekannten, den Nachbarn, Verpflichtungen, Schulden – kurz gesagt: vor dem Chaos.

An dieser Stelle wagen wir einen Blick in das Chaos und laden Sie zu einer kleinen Übung ein:

ÜBUNG 1

Grundmuster identifizieren

Halten Sie einen Zettel und einen Stift bereit. Suchen Sie einen ruhigen Ort auf, an den Sie sich für einige wenige Minuten ungestört zurückziehen können. Lassen Sie Ihren Gedanken freien Lauf. Versuchen Sie, so gut wie möglich zu entspannen, um Ihre kreativen Energien fließen zu lassen.

Begeben Sie sich nun in Ihre aktuelle Jobsituation und schauen Sie sich in aller Ruhe alles an. Vergegenwärtigen Sie sich Ihre Unzufriedenheiten. Lassen Sie vor dem inneren Auge ein paar ganz typische und ganz konkrete Situationen ablaufen, in denen Sie sich geärgert haben oder aus denen Sie am liebsten sofort geflohen wären. Betrachten Sie die jeweils Beteiligten, den Chef, die Kollegin, den Kunden. (Wir können gut verstehen, dass Ihnen das jetzt nicht unbedingt leicht fällt und dass es Ihnen eventuell auch sehr unangenehm ist. Aber bitte versuchen Sie, sich noch einen kleinen Moment zu geduldn und ein möglichst umfassendes Bild zu malen.) Wie haben Sie in der Situation reagiert? Was haben die anderen getan? Welche Gefühle waren im Spiel? Was lief in Ihnen ab? Was hat das Ganze in Ihnen ausgelöst? Seien Sie so präzise wie möglich. Schließen Sie, wenn möglich, die Augen, lassen alles noch einen Augenblick nachwirken und beantworten Sie dann die folgenden sieben Grundmuster-Fragen:

1. Woher kennen Sie eine derartige Situation?
2. An welche andere Begebenheit in Ihrem Leben erinnert Sie das Geschehen?
3. Was davon hat Ähnlichkeit mit Ihrer Kindheit?
4. An welche anderen Personen in Ihrem Leben (egal an wen) erinnern Sie die Beteiligten?
5. Seit wann kennen Sie diese Gefühle?
6. Was und / oder wer hat diese Gefühle bei Ihnen ausgelöst?
7. Welche Assoziationen und Bilder kommen Ihnen spontan?

Schreiben Sie Ihre Gedanken auf. Legen Sie Ihren Zettel für einen Augenblick beiseite. Sie können auch eine kleine Pause einlegen, bevor Sie weiterlesen.

Um den Sinn der eben gemachten Übung aufzuzeigen, wollen wir Ihnen ein Beispiel aus unserer eigenen Beratungspraxis schildern:

Vor einigen Jahren kam eine Frau um die 40 zu mir, Manuel Tusch, in die Praxis. Sie war grundsätzlich eine gefestigte Persönlichkeit, man könnte fast sagen: eine Kämpfernatur. Als leitende Angestellte in der Pharmabranche hatte sie einen spannenden Job in einem Bereich, der sie persönlich interessierte. Alles hätte gut sein können. Dennoch war sie kurz davor, das Handtuch zu schmeißen, zum wiederholten Male, denn sie hatte es nie länger als zwei oder drei Jahre bei einem Arbeitgeber ausgehalten und sich immer wieder wegbeworben. Das hatte sie zwar einerseits als abwechslungsreich erlebt, und auch ihr Gehalt hatte sich im positiven Sinne immer mit verändert. Andererseits war sie jetzt müde und wollte sich weniger um die Rahmenbedingungen ihrer Arbeit kümmern als vielmehr um die Inhalte ihrer Arbeit. Eigentlich wollte sie bleiben, aber ein Konflikt mit ihrem Chef machte sie unglücklich. Erschwerend kam hinzu, dass sie ihren Chef grundsätzlich mochte und die beiden bislang ein gutes Verhältnis hatten. Was sie störte und letztlich den Konflikt auslöste, war die Tatsache, dass sie sich durch ihrem Chef eingeengt sah. Sie hatte den Eindruck, er schaue ihr stets über die Schulter und verfolge sehr aufmerksam ihr Tun. Häufige Meetings erlebte sie als Kontrolle und Maßregelung. Sie zog sich zurück, versuchte, Entscheidungen möglichst eigenständig zu treffen und mied den Austausch mit ihrem Chef. Und siehe da, es wurde noch schlimmer, der Chef forderte häufiger Rechenschaft ein, beharrte auf noch regelmäßigere Absprachen. Sie befand sich immer mehr unter Druck. Ihr Chef war verärgert. Gleichzeitig litt sie unter der nun wahrgenommenen Ablehnung durch ihren Vorgesetzten, wollte es ihm auch wieder recht machen und geriet damit in ein unentrinnbares Nähe-Distanz-Dilemma, aus dem sie sich nicht mehr aus eigener Kraft befreien konnte. Ihr einziger Ausweg schien eine erneute Flucht, eine Kündigung, ein Jobwechsel zu sein – was sie ja andererseits nicht wollte.

Eine Analyse mithilfe der sieben Grundmuster-Fragen, die Sie, liebe Leserin, lieber Leser, eben für sich selbst beantwortet haben, ergab folgendes Bild: Das Nähe-Distanz-Dilemma war keineswegs neu. Auch in ihren vorherigen Anstellungsverhältnissen hatte es immer wieder ähnliche Tendenzen gegeben, mit der ehemaligen Chefin, mit den Kollegen. In der konkreten Ausgestaltung gab es natürlich Varianten, aber das Grundmuster war immer dasselbe, sogar in der Beziehung zu ihrem Lebensgefährten, von dem sie sich sechs Monate zuvor getrennt hatte. Sie sah sich stets durch alles Mögliche eingeengt, sei es durch Zuneigung, durch Anteilnahme. Daraus resultierte immer eine gewisse Vermeidungstendenz, die in der Regel bewirkte, dass die anderen (der Lebensgefährte, die Vorgesetzten, die Kolleginnen) sich verstärkt kümmerten. Beziehungsabbruch, Kündigung und Flucht waren die Auswege aus der jeweiligen Krise, die solange erfolgreich waren, bis die nächste Krise, mit dem neuen Chef oder einem anderen Mann kam. Das Nähe-Distanz-Dilemma ließ sich sogar bis in ihre Kindheit hinein verfolgen, bis in die Beziehung zu ihrem Vater. Und immer dieselben Gefühle; ursprünglich Zuneigung, dann Skepsis, Angst vor Kontrolle, Angst den anderen zu verlieren, Selbstzweifel, Handlungsunfähigkeit.

Dadurch, dass wir das aktuelle Problem, den Vorgesetztenkonflikt, in einen größeren Bezugsrahmen gesetzt und auch die Natur ihrer Gefühle analysiert hatten, waren Ansatzpunkte geschaffen, die Themen »Umgang mit Abhängigkeit von anderen«, »Autonomiestreben«, »Nähe-Distanz«, zu bearbeiten, worauf an dieser Stelle jedoch nicht weiter eingegangen werden soll.

Für unsere Zwecke ist es im Moment ausreichend, zu erkennen – und damit kommen wir zu einem grundsätzlichen Lebensprinzip –, dass sich bestimmte Probleme, Konflikte, Grundmuster durch unser gesamtes Leben ziehen, sich immer wiederholen, bis sie eben aufgelöst sind. Und in der Regel lassen sich diese Grundmuster nicht durch Flucht aus der jeweiligen Situation überwinden, sondern nur durch eine wirkliche Auseinandersetzung mit etwas viel tiefer Liegendem: mit uns selbst, mit unserem Leben, unseren Unzulänglichkeiten und Unzufriedenheiten, unserer Familie und unseren Freunden.

Die Gedankenspirale gaukelt uns tagtäglich vor, dass es leichter wäre, all den Frust und Ballast, den wir seit unserer Geburt mit uns herumschleppen, nach außen zu projizieren – auf den Chef und die Kollegin, auf die Kundschaft und die Geschäftspartner. Hier eine Beziehung beenden, da kündigen. Das Kernproblem jedoch bleibt ungelöst, und wir geraten immer tiefer in den Strudel des Unglücklichseins.

Daher lohnt es sich, einen Moment zu verweilen und potenzielle Entscheidungen in diesem neuen Licht kritisch zu prüfen. Eventuell bleibt zu überlegen, wie wir ein eben identifiziertes Grundmuster angehen können; je nach Lebensbereich ist das ein mehr oder weniger intensiver Prozess. Im Folgenden erörtern wir, wie wir aus der Not eine Tugend machen können. Wir schauen, was uns hilft, zu bleiben und mit den Grundmustern aufzuräumen – auf dem Weg zu mehr innerer Freiheit!

Bleiben Sie! Wie Sie aus der Not eine Tugend machen

Wir haben jetzt also gesehen, dass es gute Gründe gibt, zu bleiben, sich mit dem aktuellen Problem, dem gesamten Problemkontext und dem darunter liegenden Grundmuster zu beschäftigen. Dieser Prozess ist sicher nicht immer angenehm, im Gegenteil: Er kann sogar sehr schmerzhaft sein. Natürlich ist es nicht schön, nach 15, 20 oder 30 Jahren zu erkennen, dass wir immer nur davongerannt sind, auf der Flucht vor uns selbst. Natürlich können wir immer wieder versuchen, der Chefin, den Kollegen oder den Kunden zu entwischen. Und natürlich wird dies nie ganz gelingen, denn unser Selbst holt uns immer wieder ein, solange wir sind. Es gibt kein Entrinnen, daran gibt es keinen Zweifel. Also heißt es, sich mit sich selbst auseinanderzusetzen, sich selbst zu erkennen. Wie wollen wir uns denn respektieren, wenn wir unser Selbst nicht kennen? Selbstbetrug wird mit Dauerfrust bestraft!

Doch wie nehmen wir die Chance auf die Auseinandersetzung und auf den inneren Wandel wahr? Hier hilft uns die im vorangegangenen Abschnitt durchgeführte Übung weiter. Nun wollen wir sie erweitern.

ÜBUNG 2

Grundmuster aufbrechen

Sie hatten sich gedanklich in Ihre momentane Jobsituation begeben, die Beteiligten identifiziert und sich Ihre diesbezüglichen Gefühle vergegenwärtigt. Holen Sie nun Ihre Notizen hervor und betrachten Sie die Antworten auf die Fragen zu Ihren Grundmustern. Gehen Sie in Ruhe nochmals alles durch und versuchen Sie, die Gesetzmäßigkeiten, die sich durch Ihr Leben ziehen, die Ihnen Ihr Schicksal bestimmt hat, herauszukristallisieren.

Und jetzt beantworten Sie die folgenden Interventions-Fragen und ergänzen Sie Ihre Notizen:

1. Angenommen, die Situation würde so bleiben: Welche Auswirkungen hätte das?
2. Angenommen, die Situation würde so bleiben: Wer hätte welche Vorteile dadurch?
3. Was müsste passieren, damit das Problem noch schlimmer wird?
4. Wann und unter welchen Bedingungen tritt das Problem nicht oder kaum auf?
5. Woran würden Sie bemerken, dass das Problem gelöst ist?
6. Welche Gefühle würden Ihnen beweisen, dass Sie die Sache im Griff haben?
7. Was hat Ihnen in ähnlichen (Lebens-)Situationen geholfen?
8. Welche persönlichen Stärken im Umgang mit anderen haben Sie?

9. Wen erleben Sie als vorbildhaft in vergleichbaren Situationen und was zeichnet diese Person aus?
10. Wenn Ihnen eine Fee drei Wünsche freigäbe, wie sähen diese aus?

Legen Sie Ihre Notizen zunächst beiseite und lassen Sie Ihre Erkenntnisse ruhen. Es ist wichtig, dass Sie sich für eine gewisse Zeit nicht bewusst mit Ihrem Problem und mit möglichen Bewältigungsstrategien befassen. Im Rahmen der Problemlöseforschung hat nämlich Walter Hussy, Professor für Psychologie, herausgefunden: Wenn wir uns bewusst und ununterbrochen mit bestimmten Themen und Problemen auseinandersetzen, neigen wir dazu, gedankliche Fixierungen und Blockaden aufzubauen und finden schwerer eine Lösung. Sie kennen das sicherlich aus dem Alltag: Je krampfhafter Sie versuchen, sich an den Namen desjenigen Bekannten zu erinnern, der auf der gegenüberliegenden Straßenseite die Bäckerei betritt, desto weniger fällt er Ihnen ein. Eine halbe Stunde später, zu Hause angekommen, und nachdem Sie auf dem Heimweg intensiv mit Ihrer To-do-Liste für das morgige Meeting beschäftigt waren, kommen Sie spontan auf den zuvor vergeblich gesuchten Namen. Das nennt man »kreative Pausen einlegen«. Die wichtigsten und besten Erfindungen und Problemlösungen der Welt kamen übrigens auf diese Weise zustande, zum Beispiel die Entdeckung des Benzolringes durch den Chemiker August Kekulé im Jahre 1865, in dessen Traum sich Schlangen reihum in den Schwanz bissen und auf diese Weise eine Ringstruktur schufen.

Seien Sie versichert, dass Ihnen im Laufe der kommenden Tage die eine oder andere sehr hilfreiche Idee für Ihr Problem in den Sinn kommen wird, die Ihnen hilft, zu bleiben. Achten Sie auf Ihre Träume und spontanen Eingebungen. Öffnen Sie sich für Ihre Intuition.

Darüber hinaus hat das Unterbewusstsein noch weitere Tricks auf Lager. Und wie wir unser eigenes Unterbewusstsein austricksen können und müssen, das sehen wir im nächsten Abschnitt.

So machen Sie aus dem Hamsterrad einen Engelskreis

Zum Abschluss dieses Kapitels kommen wir zu einem weiteren Knackpunkt. Inzwischen konnten wir feststellen, dass der Job – entgegen unserer bisherigen Auffassung – doch nicht allein an allem schuld ist. Das wäre auch zu einfach gewesen. Und doch redeten wir es uns immer wieder gerne ein, um viel schlimmere Einsichten zu verhindern und zu verdrängen.

Wie können wir nun den Wandel zum Positiven bewirken?

Beginnen wir folgendermaßen: Was halten Sie davon, wenn wir Ihnen sagen und auch gleich nachweisen, dass Sie im Grunde Ihr Problem gar nicht lösen wollen? Dass Sie Ihre missliche Lebenssituation in Wirklichkeit brauchen? Dass Sie Ihr eigenes Unglück kultivieren möchten und sogar müssen?

Die Begründung für diese Thesen findet sich erneut im Unterbewusstsein. Unser Unterbewusstsein ist tief und unergründlich wie der unendliche Ozean. Es ist unser allmächtiger Antrieb, die ewige Energie und zugleich die Quelle unserer Qualen.

Und wenn wir uns bewusst dafür entscheiden, unser Leben zu verändern, uns mit uns selbst und unserem Leben auseinanderzusetzen, mit all dem, was uns ausmacht, mit unserem Innersten, dann haben wir einen mächtigen Gegenspieler: genau dieses Unterbewusstsein. Es hat nämlich Angst. Angst vor Veränderung, vor dem Unbekannten, vor der Ungewissheit.

Das Schlimmste, was wir Menschen erleben können, ist, dass wir ausgeliefert sind, keine Macht, keine Kontrolle über unser Leben und unser Schicksal haben. Alles kommt und passiert, wie es uns vorbestimmt ist, ob wir es mögen oder nicht, ob wir damit zurechtkommen oder daran zu scheitern drohen. Das ist eine sehr bedeutsame und zugleich vernichtende Erkenntnis, denn dann hat alles im besten Falle noch einen Sinn – doch das Problem ist, dass selbst dieser Sinn uns oft verborgen bleibt. Derartige Erkenntnisse führen in vielen Fällen dazu, dass wir uns hilflos fühlen – und in einem weiteren Schritt zur Depression. Deshalb verdrängen wir im Alltag solche Gedanken und geben uns einer Kontrollillusion hin. Es ist viel angenehmer und selbstwertdienlicher, zu glauben, dass wir es sind, die über unser Leben entscheiden, dass wir die Fäden in der Hand haben, dass die Macht bei uns liegt. Natürlich gibt es das eine oder andere Erlebnis, das uns »Beherrschbarkeit« erleben lässt: Wenn ich dies tue, geschieht jenes. Aber wenn Sie ganz aufrichtig prüfen, ob Sie im Griff haben, was morgen passiert, ob Sie krank werden oder ob Sie im Lotto gewinnen werden, müssen Sie zugeben, dass es eine höhere Macht gibt. Nennen Sie sie Zufall. Nennen Sie sie Schicksal. Nennen Sie sie Lebensplan.

Unterbewusst haben wir also Angst vor dem Ungewissen, vor dem Ausgeliefertsein. Und wie können wir diese Angst lindern? Indem wir Lebenskonstellationen schaffen und aufrechterhalten, die uns Sicherheit geben, indem wir uns ein Kontrollgerüst bauen, das zur festen Lebensstruktur wird. Und wie sehen solche Konstellationen und Gerüste aus? Genau: Konflikte, Konflikte und nochmals Konflikte. Innere Konflikte, äußere Konflikte. Permanente Unzufriedenheit! Wenn wir auch nie wissen, was gleich, was morgen oder was in zwei Jahren passiert, so wissen wir eines doch immer ganz genau: Wir hassen unseren Job. Unser Chef würdigt unsere Arbeit nie. Die Kollegen sind unbelehrbar und faul. Der Kunde ist immer eine Last. Manche Strukturen im Betrieb ändern sich einfach nicht.

Und so weiter, und so fort. Und damit haben wir eine Struktur, die Sicherheit gibt.

Und wenn wir, wie in den vorangegangenen Abschnitten besprochen, an dieser Struktur rütteln, dann beginnt unser Unterbewusstsein zu streiken. Und das Hamsterrad dreht sich und dreht sich und dreht sich.

Wenn wir davon genesen wollen, glücklich mit unserem Job, der Chefin, den Kollegen, unserem Leben werden möchten – dann tun wir gut daran, dem Unterbewusstsein das Glücksrad schmackhaft zu machen, indem wir unser Unterbewusstsein überlisten: Das Unterbewusstsein entzieht sich nämlich dem bewussten Zugriff und somit auch der bewussten, willentlichen Beeinflussung. Auch hierfür liegen wissenschaftliche Beweise aus der Gedächtnispsychologie vor. Also bedienen wir uns eines Tricks, der in der folgenden Übung beschrieben ist.

ÜBUNG 3

Dem Unterbewusstsein ein Schnippchen schlagen

Wir wollen jetzt erlernen, das Unterbewusstsein mit Affirmationen zu programmieren. Affirmation bedeutet so viel wie selbstbekräftigende Aussage. Es geht darum, positive Selbstsuggestionen zu wiederholen. Diese Art der Konditionierung ist so alt wie die Menschheit selbst; sie kommt unter anderem in vielen Religionen in Form von Gebeten oder Mantras vor, ist aber nicht an religiöse Kontexte gebunden. Die Wirkungsweise einer gelungenen Affirmation besteht darin, harmonische körperliche und geistige Zustände wiederherzustellen – genau unser Thema.

Damit sich die Affirmationen materialisieren können, müssen sie positiv und gegenwartsbezogen formuliert werden.

Folgende Affirmationen können Sie in Gedanken mehrfach wiederholen, wann immer sie Ihnen in den Sinn kommen. Wichtig für den Erfolg der Affirmation ist die liebevolle Aufmerksamkeit für deren Inhalt. Wiederholen Sie sie stets bewusst und programmieren Sie auf diese Weise Ihr Unterbewusstsein. Stimmen Sie es ein auf den Prozess des positiven Wandels, machen Sie es bereit für das Glücksrad.

- Ich beschreite neue Wege!
- Ich bin offen für Neues und für Veränderung!
- Ich bin willens, mich zu wandeln und zu wachsen!
- Ich bin in Sicherheit, denn mein Lebensplan leitet mich!
- Ich bin frei von Sorge und Angst!
- Ich freue mich über das Leben und nehme alles an, was kommt!
- Ich liebe das Leben!

Damit sich das Hamsterrad jedoch endgültig zum Engelskreis wandeln kann, wollen wir im Folgenden noch einige grundlegende Erkenntnisse über die ungerechte Welt, das liebe Geld und die undankbaren Mitmenschen gewinnen …

Undank ist der Welten Lohn

Herr Müller verdient mehr Geld als Frau Meier, die wiederum mehr verdient als wir; manche Menschen fahren Vorstands-Ferrari, andere Firmen-Fiat; irgendjemand führt die bessere Ehe, hat den besseren Boss, bessere Kollegen, erfreut sich besserer Gesundheit, sieht besser aus. Und so weiter. Und so fort. Fortwährend beschäftigen uns solche Gedanken, solche Vergleiche. Wir verstehen es einfach nicht, sind unzufrieden, neidisch. Ein unschöner Zustand. In diesem Kapitel lernen wir Techniken kennen, mit denen wir diesen Zustand zu unseren Gunsten verändern können.

Das Leben ist ungerecht

Schon mit fünf Jahren ist uns klar, dass andere es besser haben als wir (die schönere Puppe, das größere Feuerwehrauto), dass das Leben ungerecht ist. Aber wir wollen es nicht wahrhaben. Und so kommt es, dass wir uns mit 50 Jahren noch immer darüber aufregen, dass andere den besseren Job oder das sonnigere Büro haben. Aber wir wollen es immer noch nicht wahrhaben. Also geben wir die Hoffnung – oder besser die Illusion – nicht auf, dass es doch Gerechtigkeit geben muss, dass uns doch die schönere Puppe zusteht, das größere Feuerwehrauto, dass wir doch für den besseren Job geboren sind, dass wir doch das sonnigere Büro verdienen. Eines Tages. In der Zukunft. Kommt schon noch.

Tja, und eines Tages liegen wir dann unter der Erde (und auch hier gibt es sicherlich noch schönere Särge, noch prunkvollere Gräber …). Und zuletzt sind nicht nur wir, sondern auch die Hoffnungen gestorben. So einfach ist das.

Und was bleibt? Ein Haufen unerfüllter Wünsche, unbefriedigte Sehnsüchte, geplatzte Träume, Trauer, Neid, Hass – kurz: ein Leben, das nicht gelebt wurde.

»Weshalb haben wir dieses Leben nicht gelebt?« Wenn wir die Frage so formulieren, ist es bereits zu spät.

»Weshalb leben wir dieses Leben nicht?« Klingt schon besser.

Diese Frage ist jedoch noch schwerer zu beantworten als zu stellen: Ein Hauptproblem ergibt sich daraus, dass wir das Leben selten – bis nie – so akzeptieren, wie es ist. Wir können nicht akzeptieren, dass es um andere eventuell im Moment besser bestellt ist als um uns selbst. Wir können nicht verkraften, dass wir nicht diejenigen sind, die befördert werden, die den neuen Dienstwagen vor die Tür gestellt bekommen, die der Chef lobt, die von den Kollegen geschätzt werden, die beim Kunden gut ankommen. Wir können einfach nicht verkraften, dass das Leben ungerecht ist, wirklich ungerecht! Und noch weniger können wir akzeptieren, dass es immer so bleiben wird und wir daran nichts ändern können.

Warum ist das so?

Wieso, weshalb, warum? Wer fragt, ist dumm!

»Warum haben manche Menschen alles, haben keine Probleme, sind gesund – und trotzdem unzufrieden? Warum ist es so ungerecht auf der Welt? Ich habe viele unterschiedliche Probleme (Beruf, Familie). Warum kann bei mir nicht alles glattgehen, ich wäre doch so zufrieden? Warum kann ich nicht 100 Prozent glücklich sein? Warum kommt immer wieder was dazwischen?«

Bei diesen Fragen handelt es sich um einen aktuellen Beitrag in einem bekannten Internetforum. Sie stehen stellvertretend für all die vielen Fragen, die wir uns selbst im Laufe unseres Lebens schon gestellt haben, für die Zweifel und Gedanken, die uns gekommen sind. Wir denken und fragen stets: Wieso ist das jetzt so? Weshalb muss ich leiden? Warum geht es anderen besser? Ständig suchen wir nach Gerechtigkeit, fragen, grübeln. Und finden doch keine Antwort!

Wir haben bereits festgestellt, dass wir keine Macht, keine Kontrolle über unser Leben und unser Schicksal haben und es kommt, wie es kommt. Und wir wissen auch, dass wir unser Ausgeliefertsein und unsere Hilflosigkeit bisweilen verdrängen und uns stattdessen einer Kontrollillusion hingeben.

Unsere Fragen nach dem Wieso, Weshalb, Warum zielen in eine ähnliche Richtung: Wenn es eine Erklärung dafür gäbe, wieso andere es besser haben als wir, wenn wir begründen könnten, weshalb wir jetzt leiden und andere nicht, wenn wir genau wüssten, warum es so ist und nicht anders – dann könnten wir im Umkehrschluss Maßnahmen ergreifen, um die Dinge zu ändern.

Unsere Fragen sind auch eine Art Kontrollgerüst, das zur Lebensstruktur wird. Leider ist dieses Kontrollgerüst so stabil wie ein Kartenhaus, denn irgendwann müssen wir die Wahrheit erkennen und akzeptieren. Je eher, desto besser. Es ist, wie es ist: ungerecht. Es bleibt, wie es ist: ungerecht.

Fragen Sie sich doch einmal:

- Wie viele Menschen leben auf dieser Erde?
- Wie lange lebt der Mensch an sich schon auf dieser Erde?
- Wie viele »Wieso/Weshalb/Warum-Gedanken« haben all die Menschen all die Jahre und Jahrzehnte, Jahrhun-

derte und Jahrtausende, gegebenenfalls Jahrmillionen, gehabt?

- Wenn diese Gedanken hilfreich und zielführend sein sollen: Wieso, weshalb, warum – verdammt noch mal – ist das Leben *dann immer noch ungerecht*?

Die Antwort ist: Weil es so ist. Und so bleibt. Da ist nichts zu machen.

Und vor dem Hintergrund dieser Erkenntnis – so erschütternd sie auch sein mag – wird klar, dass es dumm wäre, fast verantwortungslos, wenn wir unsere Energie dauerhaft mit diesen Fragen verschwendeten. Das ewige Zweifeln, die permanente Unzufriedenheit kosten nämlich Kraft, rauben uns unsere Lebensenergie. Energie, die wir brauchen, um mit unserem ungerechten Leben glücklich zu werden. Klingt nach einem Widerspruch? Es muss keiner bleiben!

Wie Sie durch schwierige Erfahrungen wachsen können

Was glauben Sie: Weshalb sind die Menschen in Indien glücklicher als wir hier im Westen? Das hat die New Economics Foundation im Jahre 2006 wissenschaftlich nachgewiesen. Weil sie ärmer sind? Weil sie häufig kein Dach über dem Kopf haben? Weil sie dann mit Kühen, Hunden und Affen auf den Straßen – in Pappkartons – hausen? Weil sie sich keine medizinische Versorgung leisten können? Weil sie nichts zu essen haben? Weil sie heute nicht wissen, wie es morgen weitergeht?

Ja, ja und nochmals ja – genau so ist es.

Unsere größten Probleme bestehen derweil darin, dass wir nicht wissen, ob wir den neuen Wagen in Delftblau-Metallic oder doch besser in Phthaloblau-Dunkel ordern sollen, welches der 98 Fernsehprogramme wir einschalten, ob wir lieber Tiramisu oder Zabaione zum Nachtisch möchten. Wir leiden, weil die Kollegin heute morgen unfreundlich war, weil wir einen Auftrag nicht bekommen haben, weil der Chef im Meeting ein bisschen Kritik geäußert hat, weil wir seit einem Jahr keine Gehaltserhöhung mehr hatten. Weil das Kantinenessen nicht schmeckt. Weil, weil, weil.

Leiden auf hohem Niveau!

Wie kann es also sein, dass es uns schlecht geht, obwohl es uns – objektiv betrachtet und im Vergleich – doch gut gehen müsste?

Der Dalai Lama sagt: »Glück ist eine tiefere, innere Zufriedenheit. Auch ein Mensch mit körperlichen Schmerzen kann mental zufrieden sein. Und auch harte, körperliche Arbeit kann glücklich machen!«

Aber wie?

Die Inder zum Beispiel wissen, dass es ein höheres Ziel gibt, dass selbst ein Buddha Hunderte von Leben brauchte, um zum Buddha, zum Erleuchteten zu werden. Weshalb also unglücklich sein mit dem jetzigen Leben? Die in diesem Glauben lebenden Inder sind voller Zuversicht und können auch noch in größter Armut glücklich sein. Sie haben gelernt, sich nicht vom äußeren Elend abschrecken zu lassen und den inneren Reichtum zu sehen. Die Inder wissen, dass nicht sie wissen, sondern nur der Himmel weiß. Deshalb machen sie sich keine weiteren Gedanken, keine Sorgen, leben den Tag, leben das Leben, ob die Sonne scheint oder es regnet. Sie akzeptieren und sind damit frei. Sie wissen, dass, egal was kommt, es immer zu ihrem Besten ist.

Zu Ihrem Besten?

Ja. Sie, liebe Leserin, lieber Leser, beantworten jetzt eine Frage, und ich, Manuel Tusch, erzähle Ihnen eine Geschichte. Zunächst zur Frage:

Was war für Sie eines der schlimmsten (beruflichen) Ereignisse der letzten 10 bis 15 Jahre?

Nun zu meiner Geschichte:

Vor einigen Jahren, ich war damals noch Mitarbeiter der Universität, erhielt ich die seltene Chance, mich um ein großes Forschungsprojekt zu bewerben. Ich wusste grundsätzlich noch nicht so recht, in welche berufliche Richtung es gehen sollte, hatte viele Ideen, konnte mich aber schwer entscheiden. Das Projekt kam mir gerade recht, denn ich wäre damit für zwei oder drei Jahre versorgt gewesen und hätte die Zeit nutzen können, um mir innere Klarheit zu verschaffen. So weit, so gut. Ich ging also in die Projektplanung, konsultierte Kolleginnen und Kollegen, schrieb Anträge, recherchierte, tagelang, nächtelang, wochenlang, monatelang. Ich will nicht sagen, ich sei besessen gewesen, aber ich steigerte mich ganz schön in die Sache hinein und investierte extrem viel Zeit und Kraft. Von Tag zu Tag wurde mir klarer, dass ich den Zuschlag bekommen *musste*. Es ging gar nicht anders, denn ich hatte ja gedanklich die nächsten Jahre, meine Zukunft, auf diesem Projekt aufgebaut. Der Tag der Entscheidung rückte näher. Mal war ich unruhig, mal ängstlich, dann wieder von einer undefinierbaren Gewissheit getragen, redete mir gut zu, freute mich schon. Der Tag der Entscheidung kam. Die Absage auch.

Was soll ich sagen? Für mich ging eine Welt unter, es war wirklich grausam. Ich wusste nicht, wie es weitergehen sollte. Womit würde ich mich beschäftigen? Wie würde ich mein Geld verdienen? Wieso? Weshalb? Warum? Das waren die Fragen, die mich quälten. Ich war sehr verzweifelt und die Situation erschien mir absolut ungerecht und aussichtslos. In meiner Verzweiflung nahm ich einen Job in einem Krankenhaus an, denn ich musste mich schließlich über Wasser halten. Ich sollte Mitarbeiter schulen. Die waren zunächst nicht einmal besonders motiviert. Den Job hätte ich normalerweise freiwillig niemals machen wollen!

Was will ich Ihnen damit sagen? Manchmal kommt alles anders, als wir denken.

Es kam nämlich so: Von Mal zu Mal wurden die zu schulenden Mitarbeiter netter, gefiel mir der Job immer besser, entdeckte ich neue Seiten an mir, die ich vorher nicht gekannt, nicht einmal für möglich gehalten hatte. Dieser Schicksalsschlag, der mich einerseits zu Boden warf, war gleichzeitig und damit andererseits meine Rettung, die mich meiner Bestimmung näher brachte. Er führte dazu, dass ich Entscheidungen traf, Dinge anders anging, mein Leben in neue Bahnen brachte – kurz: Dieser Job war die Vorbereitung auf das, was ich heute mache.

Und damit hatte ich nicht nur Glück im Unglück. Heute, viele Jahre später, kann ich sagen: Es war viel mehr Glück als Unglück. Denn wer weiß, wo ich vielleicht versauert wäre, wenn ich das Projekt bekommen hätte. Dann wäre ich mit meiner Psychologischen Praxis und meinem Ausbildungsinstitut jetzt nicht da, wo ich bin: in einem Job, in dem ich Menschen begleite, berate und unterrichte. In einem Job, der abwechslungsreich ist, in dem ich viel Kontakt mit netten, interessanten und liebenswürdigen Menschen habe, in dem ich selbstverantwortlich bin, der mir Freiheiten lässt und mich jeden Tag aufs Neue von ganzem Herzen erfüllt – inklusive aller universellen Probleme, die Jobs grundsätzlich so mit sich bringen, aber das hatten wir ja bereits.

Und so ist es mit vielen Dingen: Das, was kommt – ob es uns gefällt oder nicht, ob wir uns freuen oder leiden, ob wir es annehmen oder verfluchen –, ist meistens gut. Wir wissen es nur noch nicht. So mancher Schicksalsschlag hat sich im Nachhinein als hilfreich erwiesen, uns die wesentlichen Dinge aufgezeigt, uns auf neue Gedanken gebracht – und war ein Geschenk des Himmels.

Nun wieder zu Ihnen: Sie haben sich Gedanken gemacht, was für Sie eines der schlimmsten (beruflichen) Ereignisse der letzten 10 bis 15 Jahre war. Jetzt ist es an der Zeit, zu überlegen, was dieses für Sie damals schlimmste Ereignis an positiven Veränderungen bewirkt hat: Welchen Vorteil brachte das Ereignis mit sich? Was haben Sie durch dieses Ereignis gelernt? Wo stehen Sie jetzt, nach dem Ereignis?

Je länger Sie darüber nachdenken, desto deutlicher wird, dass Ihre unangenehme Erfahrung Sie gefordert und Ihnen geholfen hat, in Ihrem Leben voranzuschreiten.

Wir dürfen an Schwierigkeiten wachsen! Das Problem ist, dass wir versuchen, alles zu verstehen, zu durchschauen, dass wir ungeduldig sind und sofort bewerten. Das, was kommt, ist nicht schlimm – schlimm sind nur unsere Gedanken, die uns leiden lassen!

Die Welt können wir also nicht verändern – unsere Art, zu denken, aber sehr wohl. Erste Ansätze dazu haben wir schon im vorangegangenen Kapitel gefunden, in den Affirmationen, die uns helfen können, Veränderungen zuzulassen. Weitere konstruktive Tipps geben wir Ihnen später.

Sie erinnern sich noch an den verzweifelten Beitrag in dem Internetforum? Ein anderer User hat darauf Folgendes geantwortet: »Ich hatte in den letzten fünf Jahren auch gravierende Probleme (Gesundheit, Job, Beziehung), aber zu keinem Zeitpunkt habe ich die positiven Gesichtspunkte aus den Augen verloren. Ich hatte zu jeder Zeit die innere Ruhe, denn ich wusste, ich mache das Beste aus der Situation – das gab mir das Gefühl der Zufriedenheit mit mir selbst. Ob die Umstände zufriedenstellend waren, war etwas anderes. Bei mir selbst musste ich anfangen!«

Nach so mancher Krise müssen wir rückblickend sagen: »Ja, es war gut so – es war zwar schmerzhaft, und ich kann den Sinn erst jetzt erkennen. Aber ich bin daran gewachsen.« Diese

Erkenntnis kann uns Mut machen, nicht sofort aufzugeben. Es ist nur eine Frage der Zeit. Und die heilt ja bekanntlich alle Wunden.

Soll das alles denn jetzt heißen, dass wir nie mehr jammern und klagen dürfen?

Hineingefressen ist nicht aufgegessen – weshalb wir Psychohygiene betreiben sollten

Die Welt ist also ungerecht, das haben wir jetzt verstanden; uns geht es mal besser, mal schlechter. Aber wir sollen die positiven Seiten sehen, damit sind dann alle Probleme gelöst. Augen zu und durch – und vor allem Klappe halten!

Das wäre jetzt die erste Interpretation – die aber leider beziehungsweise zum Glück nicht ganz zutrifft.

Die Angelegenheit ist viel komplexer, und wir müssen jetzt einen Blick auf die Details werfen. Die Welt ist, wie sie ist. Und alles, was uns gerecht, ungerecht, gut, schlecht, schön oder blöd erscheint, ist jeweils unser individuelles Schicksal.

Wie gehen wir damit um?

Wir haben gesehen, dass es wichtig ist, das individuelle Schicksal anzunehmen, sich mit den Gegebenheiten auseinanderzusetzen, eventuell anzufreunden. Und wenn es uns trotz dieser Erkenntnisse schlecht geht, und wir ängstlich, wütend, traurig, verzweifelt, einsam, hoffnungslos und am Ende sind? Wohin mit diesen Gefühlen?

Nun, das Schicksal anzunehmen, ist sehr wichtig – aber bitte niemals auf Kosten der Psyche! Denn unsere Gefühle der Angst, Wut, Traurigkeit, Verzweiflung, Einsamkeit und Hoffnungslosigkeit zeichnen uns aus und machen uns einzigartig. Wenn wir diese Gefühle nun nicht ernst nehmen oder gar verdrängen würden, könnte es sogar noch schlimmer kommen: Wir könnten krank beziehungsweise noch kränker werden, als wir eh schon sind!

Machen wir an dieser Stelle einen kurzen Ausflug in die Psychosomatik: Diese medizinische Disziplin befasst sich mit den Wechselwirkungen von Seele, Körper und sozialem Geschehen. Einige bekannte Beispiele für psychosomatische Beschwerden sind Neurodermitis, Magen-Darm-Erkrankungen, Essstörungen, chronische Müdigkeit, Bluthochdruck, Asthma und teilweise auch Krebserkrankungen.

Diese Erkrankungen entstehen und werden gefördert, wenn Körper und Seele vermehrt Stressfaktoren ausgesetzt sind. Und das geschieht zum Beispiel auch am Arbeitsplatz – Probleme mit Chefs und Kollegen sowie chronische Überforderung sind hier die häufigsten Ursachen. Aktuelle Untersuchungen belegen, dass 25 Prozent der deutschen Erwachsenen mindestens einmal oder sogar permanent an psychischen oder psychisch bedingten Beschwerden wie Angstzuständen, depressiver Verstimmung und eben psychosomatischen Krankheiten leiden. Tendenz steigend!

Was können wir tun, damit es erst gar nicht so weit kommt?

Das Stichwort lautet Psychohygiene.

Psychohygiene ist Vorsorge für seelische Gesundheit (und gegebenenfalls Behandlung); das heißt, sie beugt durch individuelle Maßnahmen psychischen Belastungen oder Störungen vor. Und eine Möglichkeit der Psychohygiene besteht darin, dass wir unsere Gefühle nicht verdrängen, sondern ernst nehmen, würdigen und dann die Verantwortung für sie abgeben. An eine höhere Instanz, die Sie für sich ganz individuell benennen können. Geben Sie die Gefühle und die Verantwortung für diese Gefühle dahin zurück, wo sie herkommen: an den Himmel, an Ihr Schicksal – je nachdem, woran Sie glauben.

ÜBUNG 4

Die Seele säubern

Im Folgenden machen wir gemeinsam fünf leichte Schritte zur Psychohygiene.

1. SCHRITT: Gehen Sie gedanklich und emotional in Ihre Belastung hinein. Betrachten Sie die Situation, schauen Sie sich die Beteiligten an, spüren Sie tief in Ihre Gefühle hinein. Seien Sie aufmerksam und konzentriert.

2. SCHRITT: Artikulieren Sie Ihre Gefühle, sagen Sie sich bewusst: »Ich bin ....« (Hier setzen Sie dann Ihr Gefühl ein, zum Beispiel ängstlich, wütend, traurig, verzweifelt, einsam oder hoffnungslos, je nachdem, was Sie gerade empfinden.)

3. SCHRITT: Sagen Sie sich: »Ja, das ist mein/e .... (Angst, Wut; hier setzen Sie dann das oben artikulierte Gefühl ein). Ich habe ein Recht dazu, ... zu empfinden. .... ist ein natürlicher und wertvoller Bestandteil meiner Persönlichkeit.«

4. SCHRITT: Drehen Sie gedanklich eine Art »Film« über Ihr Gefühl und halten Sie diesen »Film« gedanklich auf einer Videokassette oder DVD fest. Verschließen Sie gedanklich die Videokassette oder die DVD an einem sicheren Ort, zum Beispiel in einem Schrank, zu dem nur Sie Zugang haben, oder in einem Tresor.

5. SCHRITT: Hier haben Sie verschiedene Möglichkeiten: Sie können sich jetzt jederzeit bewusst mit Ihren Gefühlen beschäftigen und auseinandersetzen, wenn Ihnen danach ist, wenn die Situation angemessen ist. Holen Sie zu diesem Zweck Ihren »Film« aus seinem Versteck hervor, schauen Sie sich Ihre Gefühlssequenzen an. Sie können jederzeit den »Film« anhalten

oder wieder ausmachen. Und Sie können die Videokassette oder DVD jederzeit wieder wegsperren. Sie haben die Kontrolle!

Eine andere Möglichkeit besteht darin, dass Sie sich sagen: »Ich habe .... (Gefühl), ich schätze meine/n .... als Teil meiner Persönlichkeit; jetzt gebe ich die Verantwortung für meine/n .... an eine höhere Macht zurück, diese höhere Macht soll von nun an damit fertig werden.« Verfrachten Sie gedanklich die Videokassette oder DVD in eine Rakete, zünden Sie diese und schicken Sie sie weit weg, am besten zum Mond. Auf diese Weise haben Sie die Verantwortung für Ihr Gefühl ab- beziehungsweise zurückgegeben.

Was ist jetzt der Sinn des Ganzen?

Erstens: Sie nehmen Ihre Gefühle bewusst als Teil Ihrer selbst wahr und würdigen diese. Das ist gar nicht so selbstverständlich, wie Sie vielleicht denken, denn normalerweise sind wir eher bemüht, bestimmte Gedanken und Gefühle nicht zuzulassen oder zu verdrängen. Damit spalten wir einen Teil von uns selbst ab. Nicht selten schämen wir uns für unsere Gefühle, denn wir haben schon in unserer Kindheit erfahren müssen, dass zum Beispiel Hass oder Wut nicht allzu gut ankommen. Das ist die Hauptursache dafür, dass manche Menschen einen erschwerten Zugang zu ihren Gefühlen haben. Sie haben gelernt, dass man manches nicht empfinden darf, weil es schlecht, böse oder unangemessen ist. Dabei können gerade Wut und Hass ganz natürliche, berechtigte Bestandteile der Persönlichkeit sein. Sie zu verdrängen, kann auf Dauer zu unbewusstem Leid und Krankheit führen. Also ist es wichtig, alles zuzulassen und anzuerkennen – aber nicht zwangsläufig auszuleben. Das wäre erst der zweite Schritt. Wut zu verspüren, wenn mein Kollege mich zum wiederholten Male piesackt, ist berechtigt und normal. Das heißt aber nicht, dass ich das Recht habe, ihn zu verprügeln. Wir verwechseln im Alltag häufig das eine mit dem anderen, und weil das Ausleben bestimmter Gefühle bestimmte Folgen hat oder hätte (im Falle des Verprügelns beispielsweise rechtliche Konsequenzen), verbieten wir uns, diese Gefühle überhaupt ernst zu nehmen und anzuerkennen. Fatal. Wir berauben uns unseres inneren Reichtums. Das waren die Schritte 1 bis 3.

Zweitens: Bei den nächsten Schritten (4 und 5) handelt es sich um eine sehr hilfreiche und anerkannte therapeutische Intervention, die zum Beispiel bei schwerer Traumatisierung erfolgreich eingesetzt wird. Bei einer Traumatisierung sind die eigenen Gedanken und Gefühle so stark, dass sie die Persönlichkeit dominieren. Ein normales Weiterleben ist gar nicht mehr möglich, denn die Kontrolle über Gedanken und Gefühle ist verloren gegangen.

Für unsere Zwecke können wir diese Technik, eine unschädliche Sonderform der kontrollierten Verdrängung, hervorragend nutzen, um unsere Gedanken und Gefühle in den Griff zu bekommen. Wir nehmen unsere Gedanken und Gefühle wahr und ernst, würdigen sie als Bestandteil unserer Persönlichkeit, aber entscheiden, wann wir uns damit befassen und wann nicht. Das ist der gesunde Unterschied. Nicht in jeder Situation kommen unsere Gedanken und Gefühle gelegen. Also lernen wir, die Auseinandersetzung auf einen späteren Zeitpunkt zu vertagen, damit wir bis dahin gut »funktionieren« können und nicht Opfer unserer inneren Wallungen sind. Und wenn wir uns genug mit unseren Gedanken und Gefühlen beschäftigt haben, dann geben wir sie dahin zurück, wo sie herkommen. Damit haben wir die Kontrolle!

Und doch kommt es so, wie Sie es wollen. Die Selffulfilling Prophecy

Nun gehen wir einen Schritt weiter und erörtern, inwieweit möglicherweise unsere (kontrollierten) Gedanken Einfluss auf das (Welt-)Geschehen nehmen. Keine Sorge, wir sind nicht größenwahnsinnig geworden; wir wollen Sie nur zu einem kleinen Gedankenexperiment einladen.

Vermutlich haben Sie schon einmal etwas von der sogenannten Selffulfilling Prophecy gehört. Diese spezielle Art der Prophezeiung ist eine Vorhersage, die sich einzig aufgrund ihrer Existenz erfüllt. Sie ist damit also eine besondere Ursache der Folgen, von denen sie handelt.

Ein Beispiel: Wir Menschen neigen zum Verallgemeinern. Auf diese Weise erleichtern wir uns unseren Alltag, denn wir müssen in bestimmten Situationen nicht mehr aufmerksam sein, sondern können unbewusst Schlussfolgerungen auf der Basis unserer Stereotype ziehen. So ist zum Beispiel wissenschaftlich nachgewiesen, dass wir dazu neigen, körperlich attraktiven Menschen gleichzeitig positive psychische Eigenschaften wie Freundlichkeit und Höflichkeit zuzuschreiben. Führt man zum Beispiel im Vertrieb ein Gespräch mit einer großen, schlanken, blonden und rehäugigen Kundin um die 25, dann ist vielleicht unbewusst ein Stereotyp angesprochen. Da man nun also »weiß«, dass man es mit einer freundlichen und höflichen jungen Dame zu tun hat, verhält man sich selbst entsprechend positiv, freundlich und höflich. Und am Ende des Gespräches stellt man fest: Die Kundin ist wirklich freundlich und höflich. Als Folge der Gedanken, des Stereotyps, hat man entsprechende Verhaltensweisen an den Tag gelegt, die wiederum entsprechende Reaktionen des Gegenübers bewirkt haben. Und damit hat sich – oder hat man selbst – die Prophezeiung erfüllt.

Kritik an Horoskopen wird häufig mit der Selffulfilling Prophecy begründet: Wenn mein Horoskop mir sagt »Dir wird nächste Woche bei der Arbeit ein schrecklicher Fehler unterlaufen«, ist es sehr wahrscheinlich, dass ich vor lauter Angst vor diesem Fehler unkonzentriert und fahrig bin, sodass mir tatsächlich ein Fehler passiert.

Ein weiteres Beispiel: Wenn jemand eine falsche Prognose öffentlich verkündet, wie »Nächste Woche geht die ABC-Bank pleite«, dann kann es passieren, dass die bis dahin völlig solide ABC-Bank insolvent wird, weil ihre Gläubiger von einer drohenden Pleite gehört haben und vorsichtshalber alle Gelder abziehen. Ein solches Ereignis spielte sich zum Beispiel im Jahre 2002 ab, als der damalige Deutsche-Bank-Chef im Fernsehen Zweifel über die Kreditwürdigkeit des Medienunternehmers Leo Kirch äußerte und dieser zwei Monate später eine erste Insolvenz anmelden musste. Nach einem Urteil des Bundesgerichtshofs steht Kirch jetzt gegenüber der Bank ein Schadensersatzanspruch zu. Eng verwandt mit der Selffulfilling Prophecy ist übrigens der Placebo-Effekt: Die Wirkung eines Präparates, das keinen pharmazeutischen Wirkstoff enthält, ist rein psychischer Natur.

Diese Beispiele verdeutlichen einmal mehr die enorme Kraft und Macht unserer Gedanken. Und diese wollen wir für unsere Zufriedenheit und unser Glücklichsein bestmöglich nutzen.

Verfolgen wir nun unser Gedankenspiel weiter, kommen wir zwangsläufig an den Punkt, an dem wir feststellen müssen: Es gibt wohl doch Möglichkeiten, auf unser Leben Einfluss zu nehmen.

Wer hätte das gedacht?

Und was noch empörender ist: Wenn wir also doch kontrollieren können und damit Herrin oder Herr unseres Schicksals sind, und die ganze Sache dann den Bach runtergeht, haben wir also tatsächlich unseren Teil zum Malheur beigetragen?

Unfassbar!

Es gibt allerdings Trost: Wenn wir Negatives bewirken können, muss es auch möglich sein, Positives herbeizuführen, das Sein aktiv zu gestalten.

Wie das funktioniert, und wie der innere Wandel den äußeren Wandel bewirkt, besprechen wir in den nächsten Kapiteln. Jetzt ist es noch zu früh, dem Schicksal ein Schnippchen zu schlagen, denn dem Wandel stehen die Wunden entgegen.

Die Zeit heilt alle Wunden. Wie Sie den Heilungsprozess unterstützen können

Wir Menschen sind mit vier Bewusstseinszuständen vertraut:

1. Wird uns ein Wunsch erfüllt, sind wir glücklich.
2. Wird uns ein Wunsch versagt, sind wir unglücklich.
3. Wenn wir weder glücklich noch unglücklich sind, langweilen wir uns.
4. Wenn wir über diese drei Bewusstseinszustände, die Lust, den Schmerz und die Langeweile, hinausgewachsen sind, erleben wir inneren Frieden.

Nun ist gemeinhin bekannt, dass die Zeit alle Wunden heilt. Die Frage ist nur: Wie lange dauert die Zeit?

Unter dem Begriff Zeit versteht man die vom menschlichen Bewusstsein wahrgenommene Ordnung im Auftreten von Ereignissen. Dabei bestehen häufig Unterschiede zwischen der subjektiv wahrgenommenen Zeit und der objektiv messbaren: Die Wahrnehmung der Zeitdauer hängt davon ab, was in der Zwischenzeit passiert. Ereignisreiche Zeiträume vergehen wie im Flug, ereignisarme Zeiträume dauern quälend lange. Das ist nicht neu. Paradoxerweise empfinden wir im Rückblick die

Zeiten genau umgekehrt; das hat damit zu tun, dass wir in ereignisreichen Zeiten viele Informationen abspeichern, während es zu ereignisarmen Zeiten wenig Erinnernswertes gibt.

Das heißt, wir haben es bei der Zeit mit einer höchst subjektiven Angelegenheit zu tun. Und damit wird wieder einmal klar, dass wir selbst gefragt sind, durch unser Denken die Dinge in die Hand zu nehmen.

Die Zeit selbst heilt unsere Wunden, indem sie dafür sorgt, dass nachfolgende Ereignisse unsere Aufmerksamkeit von der Ursprungsproblematik ablenken. Eine wahre Heilung, ein wahres Genesen, kann aber nur stattfinden, wenn wir im Frieden mit uns selbst und der Welt leben. Und damit sind wir wieder bei der Psychohygiene angelangt.

Das Schlimmste und Gefährlichste, was wir uns selbst antun können, ist, zu verdrängen: Verdrängung ist ein Abwehrmechanismus der Psyche. Tabuisierte und bedrohliche Bewusstseinsinhalte – unangenehme Situationen, Schmerz oder Angst – werden vom Bewusstsein ausgeschlossen. Das Problem ist, dass deren psychische Energie erhalten bleibt und unterbewusst weiterarbeitet. Auf diese Weise können psychosomatische Erkrankungen entstehen. Die Energie will sich ausdrücken und manifestieren, was ihr über das Bewusstsein nicht gelingt. Also wählt sie den Weg über den Körper, die Haut, die inneren Organe.

Wie können wir also über die Psychohygiene – die bewusste Auseinandersetzung mit unseren Gedanken und Gefühlen – hinaus sinnvoll die Zeit nutzen beziehungsweise die natürliche Heilwirkung der Zeit unterstützen? Ganz einfach – indem wir den Prozess der inneren »Befriedung« vorantreiben. Innerer Frieden bedeutet, dass das Wechselspiel von Lust, Schmerz und Langeweile aufgehört hat. Und wann empfinden wir Frieden?

Genau, im Schlaf.

Der Schlaf ist ein Zustand der äußeren und inneren Ruhe. Viele Lebenszeichen unterscheiden sich von denen des Wachzustandes: Puls, Atemfrequenz und Blutdruck sinken ab, die Gehirnaktivität verändert sich. Das ganze System wird »heruntergefahren« und der Organismus kann sich erholen. Und nach dem Aufwachen fühlen wir uns wie neugeboren!

Soll das jetzt heißen, dass wir unser ganzes Leben verschlafen sollen? Das trifft den Punkt nicht ganz, kommt ihm aber schon sehr nahe.

Wie würde Ihr Chef wohl reagieren, wenn Sie ihm sagen, dass Sie in Zukunft nur noch von Ihrem Bett aus arbeiten?

Wir müssen also eine Art Zwischenlösung finden, und das wiederum ist mehr als einfach – es ist doch auch mal schön, wenn nicht immer alles sofort ein Problem darstellt.

ÜBUNG 5

Dem Körper Entspannung schenken – Wunden heilen

Sie können die folgende Instruktion im Sinne einer »Trockenübung« zunächst einmal nur lesen. Wenn Sie die Übung dann später, in einem ruhigen Moment, anwenden möchten, dann wiederholen Sie die Instruktion einfach im Geiste.

Legen Sie sich bequem und entspannt auf den Rücken. Sie können Ihren Kopf mit einem kleinen Kissen stützen und sich mit einer leichten Decke zudecken. Die Arme liegen locker neben dem Körper, die Beine sind leicht gespreizt, die Fußspitzen fallen locker nach außen und die Handinnenflächen zeigen nach oben. Die Augen sind geschlossen. Während Sie diese Übung praktizieren, ist Ihre Aufmerksamkeit nur auf die Instruktion, die Autosuggestion, gerichtet; die Gedanken kommen und gehen und ziehen vorüber wie die Wolken am Himmel. Spüren Sie Ihren Körper schwer auf der Matte, dem Sofa oder dem Bett und lenken Sie Ihre Aufmerksamkeit zu den Kontaktpunkten von Körper und Unterlage. Gehen Sie mit der Autosuggestion durch Ihren Körper und wiederholen Sie im Geiste die folgenden Aussagen langsam zwei- oder dreimal für sich. Lenken Sie die Aufmerksamkeit zu den entsprechenden Körperregionen, von unten nach oben. Mit zunehmender Übung werden Sie mit der Reihenfolge vertrauter:

- *Ich entspanne meine Füße und meine Beine. Meine Füße und meine Beine sind ganz entspannt.*
- Wiederholung. Kurze Pause.
- *Ich entspanne meine Hüften und mein Gesäß. Meine Hüften und mein Gesäß sind ganz entspannt.*
- Wiederholung. Kurze Pause.
- *Ich entspanne meinen Bauch und meinen Rücken. Mein Bauch und mein Rücken sind ganz entspannt.*
- Wiederholung. Kurze Pause.
- *Ich entspanne meine Hände und meine Arme. Meine Hände und meine Arme sind ganz entspannt.*
- Wiederholung. Kurze Pause.
- *Ich entspanne meinen Nacken und meinen Kopf. Mein Nacken und mein Kopf sind ganz entspannt.*
- Wiederholung. Kurze Pause.
- *Ich entspanne meine inneren Organe und mein Gehirn. Meine inneren Organe und mein Gehirn sind ganz entspannt.*
- Wiederholung. Kurze Pause.
- *Ich entspanne meinen ganzen Körper. Mein ganzer Körper ist ganz entspannt, mein ganzer Körper ist ganz entspannt.*

Konzentrieren Sie sich ganz auf die Entspannung und Ihren Körper. Nach wenigen Minuten kommen Sie langsam zurück, bewegen Ihre Hände und

Füße, Arme und Beine, strecken und räkeln Sie sich. Zum Schluss öffnen Sie ganz langsam die Augen. Und nach einer gewissen Zeit sind Sie frisch und munter – und fühlen sich wohl!

Gerade am Anfang mag Ihnen eine solche Übung ein wenig fremd vorkommen; das ist gut nachvollziehbar. Dennoch empfehlen wir Ihnen, es zumindest einmal auszuprobieren. Wir Menschen neigen stets dazu, mit unseren Gewohnheiten zu argumentieren. Und was der Bauer nicht kennt, das frisst er nicht. Doch mit dieser Einstellung brauchen wir erst gar nicht weiterzumachen. Fragen Sie sich lieber: Wie sehr belastet mich mein aktuelles Problem? Was habe ich bisher unternommen? Haben mir meine bekannten und gewohnten Strategien weitergeholfen? Wollen Sie dann vielleicht doch mal etwas Neues ausprobieren?

Bei dieser fünften Übung handelt es sich um eine Kurzform der yogischen Tiefenentspannung, der Vorläuferin der modernen Techniken *Autogenes Training* und *Progressive Muskelentspannung*, die heute sehr verbreitet sind. Diese spezielle Form der Tiefenentspannung ist einige Tausend Jahre alt und hat schon unendlich vielen Menschen Entspannung, Freude und Glück beschert. Wir können Ihnen das aus eigener Erfahrung versichern! Sie sind der Meinung, Sie hätten keine Zeit dafür? Sicherlich investieren Sie nur zehn Minuten – doch Sie gewinnen Energie für Stunden!

Wir bauen mit dieser Übung systematisch Spannung und Erregung ab, und gleichzeitig entwickeln wir Unempfindlichkeit gegen weitere Erregung in spannungserzeugenden Situationen. Die fühlbare innere Ruhe ist sogar als Veränderung der Hirnaktivität messbar. Ein weiterer Vorteil besteht darin, dass Sie diese Übung zu nahezu jeder Zeit an nahezu jedem Ort dieser Erde durchführen können: vor der Arbeit morgens im Bett, in der Mittagspause, nach der Arbeit, bevor Sie abends »richtig« schlafen, zwischendurch und gegebenenfalls auch im Büro.

Wenn Sie diese Übung alle ein bis zwei Tage praktizieren, werden Sie feststellen, dass Sie viel weniger Schlaf als üblich benötigen und dennoch viel fitter und frischer sind als sonst.

Es wäre doch gelacht, wenn das kein Schritt in Richtung »innerer Frieden« ist!

Wer zuerst lacht … kann die anderen damit anstecken

Wer zuletzt lacht, lacht am besten? Weit gefehlt, denn wer zuletzt lacht, hat die kürzeste Freude. Und ist es nicht die Freude, die unser Leben lebenswert macht? Die Freude am Schaffen, die Freude am Sein?

Wir wissen jetzt, dass das Leben ist, wie es ist; dass es einen individuellen Schicksalsplan gibt, über den wir uns besser nicht grämen sollten. Besser investieren wir unsere Energie in die Auseinandersetzung mit unseren Gedanken und Gefühlen. Wir haben schon erfahren, wie der innere Wandel den äußeren bedingt. Zudem können wir gestärkt auf die Herausforderungen der Gegenwart reagieren, indem wir »inneren Frieden« verbreiten und die Wunden der Vergangenheit abheilen lassen. Damit haben wir schon ein ordentliches Stück unseres Weges zu mehr Zufriedenheit und Selbstrespekt bewältigt – und damit zu unserem Glück, egal, welchen Job wir haben, egal für wen wir arbeiten!

Das ist wirklich schon sehr viel, aber bei weitem noch nicht alles.

Wünschen Sie sich nicht manchmal, Ihre Arbeit einfach nur gerne zu machen? Ein Glücksgefühl zu verspüren, wenn Sie das Büro betreten? In strahlende Gesichter zu schauen, wenn sich die Mittagspause dem Ende zuneigt? Von Ihrem Chef herzlich empfangen zu werden? Mit den Kolleginnen einen offenen und belebenden Austausch zu pflegen? Von den Kunden geachtet zu werden?

So vermessen Ihnen der Gedanke erscheinen mag: Sie haben ein Recht darauf!

Freude ist eine gute Stimmung, ein Wohlgefühl – in diesem Moment sind alle unsere seelischen Bedürfnisse erfüllt. Sie ist eine spontane, natürliche emotionale Reaktion auf etwas Angenehmes: eine Situation, eine Person oder eine Erinnerung.

Lachen ist wiederum unser häufigster Ausdruck von Freude und entfaltet insbesondere in der Gemeinschaft mit anderen seine Wirkung. In der Medizin wird Lachen sogar als Therapieunterstützung eingesetzt. Ja, Lachen ist gesund! Nachgewiesenermaßen fördert Lachen den Heilungsprozess mancher Krankheiten. Das gesteigerte Wohlbefinden dient dem Stressabbau. Die Hormonausschüttung stärkt das Immunsystem und beugt so Krankheiten vor. Lachen aktiviert das Herz-Kreislauf-System, Zwerchfell, Stimmbänder, Gesichts- und Bauchmuskeln, was unter anderem zu erhöhtem Blutdruck, Anstieg des Sauerstoffgehaltes im Blut und zu einer Art innerer Massage im Unterbauchbereich führt. Sogar die Schmerzempfindung wird durch Lachen verringert.

Diese Befunde münden in der sogenannten Facial-Feedback-Theorie, die unter anderem Silvan Tomkins in den Sechzigerjahren entwickelte. Sie geht davon aus, dass unser eigenes emotionales Erleben auch von unserem mimischen Geschehen abhängt, dass wir unsere Gefühle durch unsere Mimik beeinflussen und steuern können.

Und damit haben wir einen weiteren Ansatzpunkt gefunden, wie wir ein Stück zu unserem eigenen Glück beitragen können. Probieren Sie es aus. »Zwingen« Sie sich, zu lachen oder zu lächeln. Gehen Sie mit einem zufriedenen Gesichtsausdruck spazieren. Überprüfen Sie, was sich in der Folge in Ihrem Inneren abspielt. Sie werden sehen, Sie werden es fühlen.

Und noch etwas: Überprüfen Sie auch, wie dieses Verhalten den Umgang mit Ihren Mitmenschen beeinflusst. Lachen und Freude sind ansteckend. Wie man in den Wald hineinruft, und so weiter …

Das lässt sich wiederum unter anderem mit der Selffulfilling Prophecy begründen, über die wir ja auch schon gesprochen haben. Ihr Gegenüber, sei es Ihr Kollege, Ihr Boss, Ihre Kundin, nimmt wahr, dass Sie lächeln oder lachen, und geht dann unbewusst davon aus, dass Sie ein netter Mensch sind und das Gespräch einen angenehmen Verlauf nehmen wird. Und diese Erwartung verändert wiederum das Verhalten Ihres Gegenübers. Und wer profitiert von der Höflichkeit, dem freundlichen Umgangston, der Wertschätzung, dem Respekt?

Sie!

Um es an dieser Stelle mit Charlie Chaplin zu sagen: »Ein Tag ohne Lachen ist ein verlorener Tag.«

Dann kann das neue Leben jetzt also beginnen!

Wenn nur das »liebe« Geld nicht wäre …

Geld allein macht auch nicht glücklich

Tagtäglich können wir sie bestaunen, die Reichen und Schönen dieser Erde. Nie wird es langweilig, nie sind wir zu müde, einen Blick in die Welt zu richten, in der wir selbst nicht zu Hause sind.

Wir blättern in Hochglanzillustrierten, schauen uns im Fernsehen Boulevardmagazine an, verfolgen die Oscarverleihung, sehen Sharon Stone, Paris Hilton, die süßen Kinder von Angelina Jolie und Brad Pitt, Madonna mit ihrem tollen Körper, George Clooney, den Sexiest Man Alive. Jeder ist noch schöner, größer, reicher, mondäner.

Manche Menschen haben eigene Inseln so wie wir Löcher in den Socken, besitzen Yachten, Häuser, Autos, Frauen, Männer. So wie wir – in unseren kühnsten Träumen nicht.

Stellen wir uns dieses Leben doch einmal vor: Die Sonne geht auf, streichelt uns sanft über das makellose Gesicht, wir räkeln und strecken unseren straffen und trainierten Körper, spüren geschmeidig die kostbare Bettwäsche, unter der sich unsere Traumfigur abzeichnet. Neben uns der Partner unserer Träume. Döst noch ein wenig weiter. Wir haben Zeit. Kein Stress, kein Job, kein Chef-Monster, keine nörgelnden Kollegen, keine quengelnden Kunden, keine kreischenden Kinder. Einfach – nur – Zeit – Zeit – Zeit! Alle Zeit der Welt. Unser Blick schweift verträumt über den Rand des riesigen Bettes durch den palastartigen Raum: weitläufig, hohe Decken, große, lichtdurchflutete Fenster, glänzender Boden, schöne Antiquitäten, der Duft frischer Blumen in unserer Nase. Ein kurzes Klingeln genügt, und schon springen die emsigen Angestellten herbei und nehmen unsere Frühstückswünsche entgegen: Kaviar, Hummer, ein Schlückchen Champagner; nein, nicht im Rosengarten, heute auf der Sonnenterrasse an der hauseigenen Meeresbucht!

Und das sind nur die ersten drei Minuten unseres Tages in unserem perfekten Leben. Es folgen: Ausritt mit den Pferden, Shopping-Trip nach New York, eine Ausstellung in Turin, Besuch bei den Clintons, Turnier mit Leonardo DiCaprio auf dem eigenen Tennisplatz, neben dem eigenen Golfplatz.

Das ist traumhaft. Im wahrsten Sinne des Wortes.

Doch ein glamouröses Leben jenseits von Geldsorgen und Stress hat auch Schattenseiten, die in unseren Tagträumen sicher nicht vorkommen. Auch in diesen Welten wimmelt es von existenziellen Problemen, Neid, Unzufriedenheiten. Der Schlankheitswahn ist nur eines der äußeren Zeichen dafür. Auch sehr renommierte Zeitungen widmen sich diesem Phänomen; die »Roter-Teppich-Magersucht« ist nur die Spitze des Eisbergs. Hinter der strahlenden und glücklichen Fassade sind viel Leid und Verzweiflung, was sich manchmal nicht ganz verbergen lässt. Auch in der Welt der Reichen und Schönen gibt es Streitigkeiten, Schlägereien, Trennungen, Einsamkeit, falsche Freunde, psychische Probleme, Alkohol und Drogen.

In meiner Praxis betreute ich, Manuel Tusch, einst einen Manager: erfolgreich im Beruf, im richtigen Alter, ein gestandener, attraktiver Mann, dynamisch, sehr wohlhabend. Er war »angekommen« und hätte so glücklich sein können. Was fehlte ihm? Er hatte den Wunsch, eine Frau glücklich zu machen, doch leider litt er unter Potenzproblemen. Dieser Wunsch dominierte sein Leben. Alles andere erschien ihm wertlos.

Glauben Sie wirklich, diese Menschen seien glücklich, womöglich glücklicher als wir? Weil sie einen Topjob haben? Weil sie viel Geld verdienen?

Sicherlich nicht. Die Gedanken sind auch hier wieder die einzige Quelle unseres vermeintlichen Unglücks. Würden wir uns nicht mit den vermeintlich erfolgreichen VIPs vergleichen, könnten wir die Zeit für uns nutzen. Und unser eigenes Glück erkennen.

Glücklichsein ist unser Geburtsrecht!

Machen wir an dieser Stelle doch eine kurze Übung:

ÜBUNG 6

Gönnen Sie sich einen Glücksmoment

Nehmen Sie sich ein paar Minuten Zeit. Sie können die Augen schließen, wenn es Ihnen angenehm ist.

- Lehnen Sie sich ganz entspannt zurück und beobachten Sie den Atem. Fühlen Sie, wie Sie ein- und ausatmen. Lassen Sie den natürlichen Atem fließen. Mit dem Einatmen hebt sich der Bauch, mit dem Ausatmen senkt sich der Bauch.
- Konzentrieren Sie sich nun auf Ihren Körper. Nehmen Sie die Schwere Ihres Körpers wahr. Der Körper ist schwer. Spüren Sie die Wärme des Körpers. Der Körper ist warm.
- Gehen Sie in Gedanken durch die einzelnen Körperregionen, ganz langsam: die Füße, Beine, das Gesäß, den Bauch, den Rücken, die Hände, Arme, Oberkörper, den Kopf. Nehmen Sie Ihren Körper bewusst wahr. Vom Prinzip her können Sie sich dabei an der Übung 5 auf Seite 178 orientieren.
- Schicken Sie Ihre Gedanken, Ihren Atem in die einzelnen Körperregionen. Spüren Sie, wie Sie den Alltag hinter sich lassen, wie der Körper tiefer in

die Entspannung hineingleitet, wie die Gedanken ruhiger werden. Die Gedanken sind wie die glatte Oberfläche eines riesigen Sees.

- Und dann spüren Sie in Ihre Gefühle hinein. Lassen Sie die letzten Minuten Revue passieren. Achten Sie darauf, was Sie fühlen.

Was haben Sie getan? Sie saßen oder lagen ganz entspannt und haben gelesen.

Lassen Sie die Gefühle auf sich wirken und hängen Sie ihnen in Gedanken nach. Sie hielten dieses Buch in den Händen, haben darin gelesen, die Umwelt um sich herum ausgeblendet, den Gedankenstrom unterbrochen und sind unseren Gedanken gefolgt. Sie waren vertieft in die Lektüre. Sie haben Ihre eigene Welt vergessen und es ging Ihnen gut.

Vergessen war Ihr Alltag, war Ihre Misere. Dass Sie sich eben über Ihren Chef geärgert haben. Dass die Kollegin Sie wieder blöd von der Seite angehauen hat. Dass Sie ein unerfreuliches Telefonat führen mussten. Dass Sie das eine oder andere Problem in der Familie haben. Dass Sie vielleicht unglücklich sind. Dass Sie manchmal einfach nicht weiterwissen. Dass Sie seit Längerem etwas ändern wollen, sich aber immer noch nicht aufgerafft haben. Ihr Ärger, Ihr Frust.

Und das ist die ganze Kunst: Wir sind und wir fühlen, was wir denken. Wenn wir den ganzen Tag über den Mist im Büro nachdenken, fühlen wir uns mies. Wenn die Gedanken kreisen und wir grübeln und grübeln, sehen wir schwarz. Wenn wir anderen Schlechtes wünschen, kommen diese Gedanken wie ein Bumerang zu uns zurück.

Und was haben wir davon? Nichts. Nur, dass unser Leid immer größer wird.

Das heißt nicht, dass für negative Gefühle kein Platz sein soll. Das wäre mehr als gefährlich – wir haben ja schon darüber gesprochen. Im Gegenteil: Wenn Sie sich schlecht fühlen, wenn Sie wütend sind, wenn Sie jemanden hassen, wenn Sie aus Verzweiflung nicht mehr wissen, was Sie noch tun sollen, dann nehmen Sie diese Gefühle ernst. Betrachten und klassifizieren Sie Ihre Gefühle. Danach lassen Sie sie vorbeiziehen wie die Wolken am Himmel. Es ist völlig ausreichend, die Gefühle erkannt, benannt und zugelassen zu haben. Danach kann sich jemand anderes darum kümmern. Schaffen Sie Raum für andere Empfindungen wie Freude, Lust, Glücklichsein; gute Gefühle sind in uns gleichermaßen vorhanden. Meistens sträuben wir uns nur, sie zuzulassen.

So, wie Sie in dieses Buch eintauchen konnten, können Sie auch in Ihr positives »Parallelleben« eintauchen. Entdecken Sie die schönen Seiten.

Um es auf den Punkt zu bringen: Es geht nicht darum, den Alltag, das Leben und die Welt schönzureden, berechtigte Gefühle zu unterdrücken und sich selbst zu verstellen. Es geht einzig und allein darum, alles an sich zu akzeptieren und das Unabänderliche abzugeben. An eine höhere Macht. Wir können es ohnehin nicht ändern, aber wir können frei werden und somit Raum schaffen für das, was auch noch in uns ist: das Schöne, das Angenehme, das Friedliche!

Machen Sie auch diese Übung regelmäßig. Nehmen Sie sich alle paar Tage ein paar Minuten Zeit. Suchen Sie einen ruhigen Ort auf, verbannen Sie das Telefon, schauen Sie, dass die Kinder für einen Augenblick versorgt sind, dass Sie ungestört sind. Nehmen Sie sich eine Auszeit vom Alltag und spüren Sie in sich hinein. Lassen Sie die Stille zu. Lassen Sie die Freude zu.

Sie werden sehen, wie schnell sich Ihr Befinden verändert.

Diese Übung eignet sich besonders gut für den Morgen. Gehen Sie einen Moment in sich, bevor Sie zur Arbeit aufbrechen. Sie werden feststellen, dass sich eine ganz neue Gelassenheit in Ihnen ausbreitet und die Menschen Ihnen plötzlich anders begegnen.

Sie können diese Übung auch am Abend machen, nach einem langen Tag. Sie wird Ihnen das Einschlafen erleichtern und dazu führen, dass Sie in der Nacht ruhiger und ausgeglichener sind und Energie für den nächsten Tag tanken.

Diese paar Minuten werden Ihnen jeweils Stunden schenken!

Es ist – wie wir oben gesehen haben – nicht alles Gold, was glänzt. Und jeder hat sein Päckchen zu tragen, auch die Reichen und Schönen. Aber es gibt einiges in Ihnen, das sich zu polieren lohnt. Das »Gold« liegt nicht auf der Straße, aber Sie können Ihr »Gold«, Ihr Inneres zum Glänzen bringen. Wir werden gleich sehen, wie das funktioniert.

Fischers Frau fischt ... im Trüben. Vorsicht, Sie Nimmersatt!

Bevor wir aber einen Schritt weitergehen, schauen wir für einen Augenblick in Ihre Kindheit zurück. Sicher erinnern Sie sich noch an die Mär »Vom Fischer und seiner Frau« der Brüder Grimm:

Es waren einmal ein Fischer und seine Frau, die wohnten zusammen in einem alten Pott. Eines Tages fing der Fischer einen Butt, der in Wirklichkeit ein verwunschener Prinz war, und er ließ ihn am Leben. Seine Frau jedoch war außer sich, dass ihr Mann sich nichts gewünscht hatte, und so befahl sie ihm, sich vom Butt eine größere Hütte zu wünschen. Widerwillig ging der Fischer zum Ufer und rief den Butt, der den Wunsch erfüllte. Ein paar Tage später wurde die Frau erneut unzufrieden und wünschte sich ein Schloss. Kaum war der

Wunsch erfüllt, wollte sie König sein, Kaiser werden, Papst werden, trotz der Bedenken ihres Mannes. Eines Morgens wachte sie auf und schickte ihn erneut zum Wasser: »Na, was will sie denn?«, fragte der Butt. »Ach«, sagte der Mann, »sie will wie der liebe Gott werden.« »Geh nur hin, sie sitzt schon wieder in dem alten Pott.« Und da sitzen sie noch bis heute und auf diesen Tag.

Wir kennen es alle: Sobald es einmal gut läuft, können wir nicht genug kriegen. Sobald wir die Einladung zu einem Vorstellungsgespräch erhalten haben, wollen wir den Job auch bekommen, bitte schön! Kaum halten wir die Zusage in den Händen, werden wir ungeduldig. »Wann ist die Probezeit vorbei? Ich will eine Gehaltserhöhung. Der Kollege darf das und das machen? Dann will ich das auch! Den Brückentag, bitte. Wann werde ich befördert? Ich brauche jemanden, der mir zuarbeitet. Die Kollegin im Krankheitsfall vertreten – lieber nicht. Ich will Anerkennung. Sofort. Wieso werden die anderen häufiger gelobt? Mein Einsatz soll gewürdigt werden. Die haben mich hier sowieso nicht verdient. Vielleicht sollte ich mich nochmals umorientieren? Ach, eigentlich entsprach es von vornherein nicht ganz meinen Vorstellungen. Allein dafür müsste ich noch einen Zuschlag bekommen.«

Haben Sie sich eigentlich schon mal vergegenwärtigt, was Sie da denken?

Beginnen wir von vorne: Drei bis fünf Millionen Menschen hier in Deutschland haben keinen Job. Abzüglich derjenigen, die vielleicht nicht arbeiten wollen, verbleiben dennoch etliche Menschen, die sich nach Arbeit sehnen, die verzweifelt sind, die eine Familie zu ernähren haben, verschuldet sind, die nicht schlafen können, die ihr Dach über dem Kopf verlieren, sich schamvoll von Amt zu Amt schleppen, ihr Ansehen verlieren, keinen Ausweg wissen.

Wie selbstverständlich ist es, dass wir einen Job haben? Grenzt es nicht schon an ein Wunder, dass wir arbeiten dürfen?

Natürlich haben Sie zig Bewerbungen verschickt und viele Absagen erhalten. Dennoch sind Sie zu einem Gespräch eingeladen worden. Wie selbstverständlich ist es, dass Sie mit Ihrer Bewerbung über vielleicht 350 andere Kandidaten gesiegt haben? Dass Sie als einer von 15 Bewerbern eingeladen wurden? Das Bewerbungsverfahren war sicherlich anstrengend, aber man hat sich für Sie entschieden. Wie selbstverständlich ist das – in Anbetracht von Millionen Arbeitslosen?

Sobald wir etwas erreicht haben, vergessen wir, dieses Erreichte zu schätzen und dankbar dafür zu sein. Unser Geist dreht sich immer schneller, immer weiter. Die Gedanken kreisen nur um die Zukunft und das Ausstehende, das bisher noch nicht Erreichte, ohne das wir nicht glücklich sein können. Sein können? Oder eher: nicht glücklich sein wollen? Denken Sie an die letzte Übung: Denken Sie an den Moment. Der Geist ist stets in der Zukunft, bei Plänen und Projekten. Kein Wunder, dass wir unglücklich sind. Denn eines steht fest: Was in der Zukunft sein wird, ist *jetzt noch nicht*. Natürlich ist es nicht schädlich oder schlecht, sich Gedanken über die Zukunft zu machen, doch wir sollten auch die Gegenwart schätzen und vielleicht ein wenig Dankbarkeit für das empfinden, was wir sind und was wir haben. Nichts auf dieser Erde ist selbstverständlich. Leben Sie! Jetzt! Der Moment ist das Einzige, was wir haben. Die Vergangenheit ist vorbei. Die Zukunft ist noch nicht gekommen. Und das Grübeln über das Kommende macht uns den Moment nicht leichter. Natürlich ist es nicht schön, wenn der Boss Ihnen mies kommt und die Kollegen hinter Ihrem Rücken tuscheln. Und wir möchten Sie nicht auffordern, sich Ihre Welt schönzureden – die Rache des Unterbewusstseins käme schneller, als Ihnen lieb wäre. Nicht umsonst sind psychosomatische Beschwerden das Volksleiden des dritten Jahrtausends.

Wie wir mit ungünstigen Arbeitsbedingungen umgehen können, werden wir noch ausführlich besprechen. An dieser Stelle ist es zunächst einmal wichtig, zu erkennen, dass nicht alles an sich schlecht ist. Nun rücken wir das in den Mittelpunkt, was Sie bisher erreicht haben.

Was haben Sie bisher geschafft?

Sie haben die Schule besucht und einen Abschluss gemacht. Und das, obwohl Sie vielleicht manchmal Schwierigkeiten mit Mitschülern oder Lehrern hatten. Wie selbstverständlich ist das?

Sie haben eine Ausbildung absolviert oder studiert. Und auch das war nicht immer leicht. Mit wenig Geld, viel Lernaufwand, gegen inneren und äußeren Widerstand. Wie selbstverständlich ist das?

Sie haben Berufserfahrung gesammelt, haben Praktika absolviert, haben gejobbt, wurden gemobbt, haben viel geleistet und bisweilen wenig bekommen. Sie sind früh aufgestanden, haben Nächte zum Tag gemacht, gebuckelt, erduldet, vielleicht auch mal die Meinung gesagt. Wie leicht war das? Sie haben Erfahrungen gesammelt. Wie selbstverständlich ist das?

Sie haben eine Stelle bekommen, sich gegen etliche Mitbewerber durchgesetzt. Mit Ihrem Profil, mit Ihren Stärken und Ihren Schwächen. Wie selbstverständlich ist das?

Manchmal begegnen uns Menschen, die es schwerer haben als wir selbst. Dann spüren wir wahre Dankbarkeit: In einer Kirche sah ich, Volker Kitz, einmal einen jungen Mann im Rollstuhl, etwa Anfang 30, sportlich, gutaussehend, voller Energie. Keine Frage, dass sein Leben ihm noch so viel mehr hätte bieten können, wenn er nicht an den Rollstuhl gefesselt gewesen wäre. Der Mann schrieb etwas in ein Fürbittenbuch, das an der Tür auslag. Die anderen Anwesenden blickten ein wenig unsicher und neugierig zu ihm hinüber. Wir alle fragten uns wohl: Was schreibt er in dieses Buch? Beklagt er sich vielleicht über sein Schicksal, bittet darum, wieder gehen zu können? Als der Mann weggefahren war, ging ich zu dem Buch und schaute hinein. Der letzte Eintrag lautete: »Danke für diesen schönen Sonntag.«

Die Fischersfrau aus dem Märchen hatte es sicher auch nicht leicht. Wer möchte schon in einem Pott leben? Wer möchte nicht König, Kaiser oder Papst sein? Wer sehnt sich nicht nach Anerkennung, Status und Macht? Das sind alles ganz natürliche Bedürfnisse. Die Frage ist nur: Wie gehen wir damit um? Und: Wie würdigen wir die Gegenwart – das, was wir schon haben? Das hatte die Frau des Fischers nämlich vergessen. Und um sich ihres wahren Wesens bewusst werden zu können, wurde sie wieder in den Pott gesetzt.

Sie können sich den »Pott« ersparen, indem Sie innehalten. Dazu können Sie an dieser Stelle eine kleine Übung machen.

ÜBUNG 7

Was habe ich erreicht?

Nehmen Sie sich eine kurze Auszeit für eine Gedankenreise in die Vergangenheit. Nehmen Sie ein Blatt Papier und einen Stift zur Hand. Und jetzt lassen Sie Ihr Leben Revue passieren, baden Sie in Erinnerungen: Was haben Sie bisher erreicht? Wo stehen Sie jetzt? Was hat sich Tolles ereignet? Wer sind Sie geworden? Worüber freuen Sie sich? Worauf sind Sie stolz? Was möchten Sie nicht missen? Wofür empfinden Sie Dankbarkeit?

Notieren Sie Ihre Gedanken. Sie müssen keine spezielle Form wählen. Sammeln Sie. Bereits nach wenigen Minuten werden Sie eine beachtliche Anzahl von Punkten zu Papier gebracht haben. Legen Sie das Blatt nun vorläufig zur Seite, falten Sie es sorgfältig und stecken Sie es hinten ins Buch, sodass Sie gleich darauf zurückgreifen können.

Bescheidenheit ist eine Zier ...
Oder: Sie verdienen sowieso schon zu viel

Der Volksmund weiß es ganz genau: »Bescheidenheit ist eine Zier, doch besser lebt man ohne ihr.«

Die Geschichte von der Fischersfrau legt uns nahe, dass wir ein bisschen bescheidener auftreten – vor uns selbst und vor den anderen. Die Bescheidenheit wird auch als »der Anfang aller Vernunft« (Ludwig Anzengruber) oder »der einzige Glanz, den man dem Ruhm hinzufügen kann« (Charles Duclos) beschrieben.

Leichter gesagt als getan, denn wenn alles so einfach umzusetzen wäre, hätten Sie gar kein Problem. Natürlich lebt man auf den ersten Blick ohne Bescheidenheit besser, denn mehr ist mehr – leider auch ein Mehr an Kummer und Trostlosigkeit, denn wenn wir einmal Blut geleckt haben, wollen wir schließlich auch weiter. Und was das bedeutet, haben wir schon gesehen. Somit verlangt uns die Bescheidenheit einiges ab.

Bleiben wir beim Thema Geld. Wie sollen wir bescheidener sein, wenn es uns nicht so gut geht? Wäre noch weniger etwa mehr? Worauf sollen wir denn noch verzichten?

Und dennoch könnte man sogar behaupten, dass Sie jetzt schon viel zu viel verdienen! Das lässt sich sogar wissenschaftlich belegen: Befassen wir uns für einen Moment mit der Theorie der kognitiven Dissonanz nach Leon Festinger. Es geht um »gedanklichen Missklang«. Die Dissonanztheorie besagt, dass miteinander unvereinbare Kognitionen, also Gedanken,

Meinungen und Wünsche einen inneren Konflikt erzeugen. Typische Dissonanzen, also Missklänge, treten auf, wenn neue Gedanken der bisherigen Meinung widersprechen oder neue Informationen eine bereits getroffene Entscheidung als falsch entlarven. Aufgrund des Wunsches nach innerer, gedanklicher Harmonie missachten wir unangenehme Neuigkeiten oder entwickeln neue, angenehme Gedanken.

Ein Beispiel soll dies verdeutlichen: Wenn ich rauche, dann bin ich mir dessen bewusst. Ich weiß auch, dass Rauchen der Gesundheit schadet und meine Mitmenschen belästigt. Diese gegensätzlichen Gedanken erzeugen einen Missklang. Welche Möglichkeiten habe ich, inneren Frieden, gedankliche Harmonie zu erzeugen? Ich kann das Rauchen natürlich aufgeben, was, wie Sie vielleicht aus eigener Erfahrung wissen, nicht so leicht ist. Welche Möglichkeiten habe ich also noch? Ich könnte harmonische Gedanken in Bezug auf das Rauchen entwickeln, beispielsweise »Rauchen entspannt« oder »Ich kenne Leute, die haben geraucht und sind über 90 Jahre alt geworden«. Diese Argumente wiegen die Missklänge auf. Ich kann weiterrauchen und bin mit mir und der Welt im Einklang.

Was hat die Dissonanztheorie mit Ihrem Job zu tun?

Gehen wir noch einen Schritt weiter: Um die Dissonanztheorie zu belegen, führten Festinger und Carlsmith 1959 folgendes Experiment durch: Versuchspersonen mussten einer langweiligen Tätigkeit nachgehen. Die eine Hälfte erhielt für diese Tätigkeit eine hohe, die andere Hälfte eine geringe Entlohnung. Im Nachhinein wurden die Versuchspersonen gefragt, wie sie die Tätigkeit fanden. Was glauben Sie: Wem gefiel die Tätigkeit besser? Den gut oder den schlecht bezahlten Versuchspersonen?

Auf den ersten Blick erscheint das Ergebnis verblüffend: Die schlecht bezahlten Versuchspersonen fanden die Tätigkeit interessanter als die gut bezahlten.

Wie ist das zu erklären?

Die gut bezahlten Versuchspersonen hatten keinen gedanklichen Missklang, sie dachten: »Ich habe etwas Langweiliges getan, aber ich habe viel Geld dafür bekommen.« Die schlecht bezahlten Versuchspersonen hingegen mussten sich innerlich vor sich selbst rechtfertigen, denn sie wussten: »Ich habe etwas Langweiliges getan und ich habe nicht einmal viel Geld dafür bekommen.« Was konnten sie tun? Mehr Geld war nicht zu holen. Also mussten sie ihre Gedanken umstrukturieren und sich eine neue Meinung bilden: »Ich habe zwar nicht viel verdient, dafür war die Tätigkeit aber interessant.« Und schon konnte gedankliche Harmonie einkehren.

Nun zu Ihnen: Wenn Sie jammern und klagen, wenn Sie Ihren Job und die Kollegen hassen und wenn Sie innerlich gekündigt haben – dann könnte es auch sein, dass Sie einfach zu viel Geld verdienen! Nur so können Sie es sich quasi in Gedanken leisten, das Bestehende nicht zu würdigen, sondern zu verteufeln. Wäre die Bezahlung angemessen oder schlecht, würden Sie den inneren Druck verspüren, sich den Job und die Vorgesetzten schön zu denken.

Und damit schließen wir das Kapitel »Bescheidenheit«. Versuchen Sie weiterhin, das Bestehende, das Erreichte zu würdigen. Und wenn Sie wieder einmal der Meinung sind, zu wenig zu verdienen, dann gehen Sie für einen Moment in sich und schmücken Sie sich mit Bescheidenheit. Prüfen Sie ganz gewissenhaft, ob es wirklich nur das Geld ist, das Ihnen ein Mehr an Glück verschaffen könnte. Sie werden sehen, dass das Geld zwar eine gewichtige Rolle spielt, da wir von Luft und Liebe allein nicht leben können. Aber Sie werden auch erkennen, dass das Zwischenmenschliche eine noch entscheidendere Rolle spielt, als Sie bisher angenommen haben.

Das Thema Geld können wir in den seltensten Fällen beeinflussen: Wer kann schon selbst über eine Gehaltserhöhung entscheiden? Wie häufig können wir die Vorgesetzten um einen Zuschuss bitten? Und ob der Lottoschein ein Treffer ist, das haben wir auch nicht in der Hand.

Was wir sehr wohl mitgestalten können, ist das Zwischenmenschliche. Die menschliche Interaktion ist eines der spannendsten Themen überhaupt: Hier sind vielfältige Veränderungsmöglichkeiten denkbar. Und damit haben Sie einen weiteren Ansatzpunkt, um den Weg aus Ihrer Krise zu finden. Verändern Sie doch das, was Sie verändern können!

Wir werden gegen Ende des Buches auch erklären, wie Sie das Miteinander so gestalten können, dass sich die anderen verändern. Bevor das allerdings möglich ist, müssen Sie sich selbst bewegen. Und eine Veränderung auf der äußeren Ebene erfordert immer im Vorfeld eine Veränderung auf der inneren Ebene. Wir werden jetzt gemeinsam nach innen auf Schatzsuche gehen. Wir fördern Ihr Gold zutage und schauen, wie Sie es zum Glänzen bringen können.

Bringen Sie Ihr Gold zum Glänzen

Gold – was für ein schönes Material. Kostbar glänzend, geschmeidig fließend. Und Sie sind voll davon! Eine Goldmine. Das ist Ihr Vorteil und zugleich Ihr Problem. Klingt komisch? Wir klären Sie auf.

Zunächst zum Vorteil: Sie, ich, wir – jeder Mensch ist ein ungeheuer wertvoller Bestandteil der Welt. Individuum und Teil des Ganzen zugleich. Und das Wunder der Schöpfung, die unendliche Schönheit, die uns umgibt, tragen wir auch in uns selbst:

Wir sind voll von Eigenschaften und Fähigkeiten, Erinnerungen und Verrücktheiten, vom Erbe der Generationen und von fantastischen Möglichkeiten. Wir haben Potenzial, wir können vieles erreichen, vieles steht zu unserer Verfügung. Wir müssen es »nur« kommen lassen, erkennen und annehmen.

Das klingt zunächst einmal einfach. Und damit kommen wir zum Problem: Unser Gold, unsere Fähigkeiten, sie sind tief in uns vergraben. Und wir haben die Aufgabe, uns selbst zu sprengen, Zugang zu unserem Innersten zu finden und die Kostbarkeiten unseres Wesens nach draußen zu fördern, zu pflegen, zu polieren. Wir müssen uns unseres schöpferischen und kreativen Kerns bewusst werden, um ihn dann, Schritt für Schritt, in die Welt zu transportieren.

Das haben wir aber so nicht gelernt. Deshalb mögen diese Zeilen am Anfang vielleicht etwas fremd klingen. Es ist ja auch seltsam. Und dennoch so wahr.

Werfen wir doch einen Blick zurück, betrachten wir die Vergangenheit und analysieren wir unseren Werdegang: Was ist passiert, wer sind wir geworden und wie konnte es dazu kommen?

Zunächst können wir festhalten, dass wir als Menschen eine besonders lange Zeit in Abhängigkeit verbracht haben und vielleicht auch noch verbringen: Bis wir volljährig sind und ganz allein entscheiden dürfen, vergehen in der Regel 15 bis 25 Jahre. Während dieser Zeit wachsen wir unter mehr oder weniger günstigen Umständen auf. Wir erfahren Freud und Leid, und es geht uns mal gut und mal schlecht, wir werden gefördert und behindert, und wir fördern und behindern uns. Wir erfahren viel Kritik und Feedback; das ist wichtig, damit wir uns mit unserem individuellen Wesen in die Gemeinschaft einfügen können, Zugang zu den anderen finden und anderen Zugang zu uns selbst gewähren können.

Worin besteht also das Problem? Das Problem liegt weniger am *Was* als vielmehr am *Wie*. Kritik und Feedback sind zunächst einmal notwendiger Bestandteil unseres Erwachsenwerdens. Was aber problematisch ist, ist die Art und Weise der Vermittlung, denn es gilt, alles rückzumelden, auch die positiven

Seiten. Konkret: Man möchte auch mal gelobt werden. Wie häufig wurden Sie gelobt?

Wie häufig haben andere anerkannt, dass Sie etwas Gutes getan haben, dass Sie jemandem eine Freude bereitet haben, dass es schön war, Sie in der Nähe zu haben? Wie häufig wurden Sie kritisiert, schikaniert und bestraft, wenn etwas nicht so war, wie es sein sollte, wenn Sie – und das ist menschlich – auch mal einen Fehler gemacht haben?

Und jetzt überschlagen Sie im Kopf einmal grob das Verhältnis von Lob und Kritik und fragen sich dann: »Wie geht es mir, wenn ich gelobt werde?« und »Wie geht es mir, wenn ich kritisiert werde?«. Setzen Sie die Ausmaße der jeweiligen Gefühle in Beziehung zueinander und schauen Sie, was unterm Strich dabei herauskommt.

Leider ist es häufig so, dass die Gleichung zugunsten der Kritik, der Strafe und der Einsamkeit ausfällt. Und all dies beginnt in der frühesten Kindheit, wenn wir ganz jung und »unschuldig« sind. Und all dies setzt sich im Laufe der Jahre fort, bis hin zum heutigen Tage, bis hin zum gestrigen Abend vielleicht – in der Partnerschaft, im Büro. Im ersten Teil des Buches haben wir gesehen, dass das Lob immer zu leise ist, dass die eigenen Fehler immer zu laut schreien und dass die Gerechtigkeit immer gerade eine rauchen ist. Traurig, aber wahr. Der Chef sieht immer nur, wenn die Zahlen nicht stimmen. Die Kollegen reden nur mit Ihnen, wenn Sie im Verzug sind. Und die Kunden melden sich nur, wenn sie etwas zu meckern haben. Das ist der Lauf der Dinge.

Was besonders traurig und tragisch ist: In vielen Fällen verhalten wir uns genauso. Wir tun das, worunter wir selbst am meisten leiden, meckern und schimpfen, regen uns auf, wenn etwas nicht stimmt.

Nur um es klarzustellen: Es geht uns nicht darum, selbst in die Kerbe zu schlagen und Sie zu kritisieren oder gar zu verurteilen, weil auch Sie sich »böse« verhalten.

Wir möchten Ihnen zeigen, weshalb wir alle leiden und weshalb es uns so schwer fällt, unser Gold auszubuddeln. Wenn wir manchmal etwas tun, von dem wir nicht wollen, dass es uns angetan wird, hat das mit unserer Konditionierung zu tun. Wir haben es ja nicht anders gelernt. Lernen am Modell ist die häufigste Form menschlichen Lernens. Wir beobachten bewusst und – häufiger noch – unbewusst unsere Eltern, Großeltern, Freundinnen und Freunde, unsere Lehrer, Chefs und Kolleginnen, unsere Partner und vielleicht unsere Kinder und verhalten uns so, wie die anderen sich uns gegenüber verhalten. Reaktion und Gegenreaktion.

Wenn es eher Kritik hagelt, als Lob regnet, hat das Folgen für unsere Entwicklung – und manchmal Folgen für unsere Mitmenschen.

Nochmals: Es geht also nicht darum, Sie zu verurteilen, sondern darum, dass wir bewusst etwas verändern.

Wenn Sie sich verändern, wird Ihr gesamtes Umfeld es Ihnen gleichtun. Das ist ganz leicht zu erklären: Wir sind alle Teil eines größeren Systems, sei es die Familie oder sei es der Job. Wenn man einen Teil des Systems verändert, wirkt sich das auf die anderen Teile aus. Wenn Sie sich verändern, verändern sich die anderen automatisch auch – ähnlich wie bei einer Dominoreihe, deren erster Stein umfällt. Dabei sollen Sie die anderen nicht manipulieren, sondern einen Weg finden, den anderen aufrichtig und echt zu begegnen. Es geht um Ihre Handlungsmöglichkeiten, um Ihr Wohlbefinden und um Ihren Seelenfrieden.

Und um die Veränderung zu beschleunigen, greifen wir an dieser Stelle eine Übung aus dem vorletzten Abschnitt auf und erweitern diese.

ÜBUNG 8

Schürfen Sie Gold

Nehmen Sie die gefaltete Liste aus Ihrem Buch. Auf dem Blatt haben Sie das bisher Erreichte notiert und festgehalten, wo Sie jetzt stehen, worüber Sie sich freuen, wofür Sie dankbar sind.

Setzen Sie jetzt diese Liste fort. Gehen Sie für einen Moment in sich und vergegenwärtigen sich nochmals die Punkte auf der Liste. Seien Sie ganz konkret in Ihren Vorstellungen und lassen Sie die notierten Punkte vor Ihrem inneren Auge vorbeiziehen.

Und dann gehen Sie einen Schritt weiter: Fragen Sie sich, welche Ihrer Fertigkeiten und Fähigkeiten dazu geführt haben, dass Sie überhaupt so weit kommen konnten. Fragen Sie sich, was Sie auszeichnet, was Sie so speziell und einzigartig macht, dass dieses Schöne, dieses Wertvolle entstehen konnte. Notieren Sie jetzt Ihre guten Eigenschaften, das, was Sie an sich mögen, das, was bei den anderen gut ankommt, das, was Ihnen in schwierigen Situationen hilft. Notieren Sie Ihre Stärken.

Sammeln Sie Ihr Gold!

Lassen Sie sich Zeit, bringen Sie den Gedankenfluss zu Papier. Sammeln Sie. Bereits nach wenigen Minuten werden Sie eine beachtliche Anzahl von Punkten notiert haben.

Wenn Sie diese Liste vorläufig fertiggestellt haben, lassen Sie noch ein bisschen Platz für Punkte, die Ihnen vielleicht zu einem späteren Zeitpunkt einfallen. Manchmal können wir bestimmte Gedankenketten durchbrechen, wenn wir uns inzwischen bewusst mit etwas ganz anderem beschäftigen. Kreative Pausen, erinnern Sie sich? In den kommenden Tagen können Sie Folgendes tun: Nehmen Sie sich jeden Tag eine Eigenschaft, eine Fähigkeit aus Ihrer Liste ganz bewusst vor. Beginnen Sie mit dem Punkt, der Ihnen spontan am ehesten zusagt, der Sie am ehesten beschäftigt. Wählen Sie ein Goldstückchen.

Legen Sie die Liste bis zum nächsten Tag beiseite und sagen Sie sich im Geiste: »Ich akzeptiere mein Wesen. Ich bin, wie ich bin. Ich bin stolz auf .... (hier setzen Sie dann Ihre Eigenschaft ein). Ich bin dankbar.«

Wiederholen Sie diese Affirmation ruhig mehrmals täglich, zwanglos, wenn es Ihnen spontan in den Sinn kommt. Beobachten Sie, was sich in Ihrem Verhalten tut. Beobachten Sie, wie Sie sich fühlen, wenn Sie sich loben und Dank aussprechen.

Mit der Zeit wird sich ein neues Erleben einstellen, und Sie werden ruhiger und ausgeglichener sein. Spüren Sie die körperliche Veränderung: Manchmal kann es sein, dass Sie das Gefühl haben, ein warmer Strom flösse von Ihrem Herzen in Ihren Kopf. Sie werden resistenter im Umgang mit anderen Menschen sein, Dinge nicht so persönlich nehmen und sich seltener angegriffen vorkommen. Sie werden erkennen, dass die wenigsten Menschen es böse mit Ihnen meinen, und sehen, dass Ihr Verhalten und das Verhalten der anderen immer Teil der Konditionierung sind. Und Ihre Veränderung wird die anderen mit verändern.

Wählen Sie jeden Tag ein Goldstück und gehen Sie in der oben beschriebenen Weise vor. Schon nach einer Woche werden Sie erstaunliche Erfahrungen machen.

Über die Möglichkeiten der Kommunikation sprechen wir zu einem späteren Zeitpunkt noch ausführlich. Sie können aber schon erste Schritte vorbereiten, indem Sie andere loben und Ihnen Dankbarkeit zeigen. In der vorangegangenen Übung ging es in erster Linie um Sie. Doch auch andere tragen kostbare Goldschätze in sich. Beobachten Sie Ihre Mitmenschen und versuchen Sie, die in ihnen verborgenen Schätze zu sehen. Loben Sie in Gedanken beispielsweise Ihre Kollegin, oder danken Sie Ihr ganz offen und ehrlich, wenn sie etwas für Sie getan hat. Schauen Sie, wie sich Ihre Mitmenschen Ihnen gegenüber verhalten und verändern.

Und wir werfen jetzt gemeinsam einen Blick auf unsere Mitmenschen.

Nicht jeder muss mit jedem können

Da ist es wieder, unser Hamsterrad. Und all die anderen »Hamster« sind auch da: Frau Müller, die mit ihrer Null-Bock-Mentalität nur noch fauchend durchs Büro fegt, Herr Jansen, der nur die Minuten bis zum Feierabend zählt, Herr Meier, der Schleimer, Frau Schulte, die intrigante Kuh. Hier wird gelästert, was das Zeug hält, und Meckern gehört zum guten Ton. Lob eher nicht. Die innere Kündigung ist Pflichtprogramm. Sag mir, wo die Gerechtigkeit ist – wo ist sie geblieben?

Nutzen Sie Ihr Gegenüber als Spiegel

Das Büro: ein Käfig voller Hamster. Und Sie mittendrin.

Andere beobachten, bewerten, verurteilen – das können wir sehr gut. Weniger gut können wir unseren eigenen Beitrag einschätzen – dabei sind auch wir mal schlecht gelaunt, müde und zählen die Stunden.

Das ist nur menschlich; wir alle sind nämlich mit dem sogenannten Selbstwert ausgestattet, einer höchst spannenden Systemkomponente, die uns dabei hilft, einigermaßen unbeschadet durchs Leben zu kommen, manchmal aber auch Steine in den Weg legt. Tagtäglich müssen wir versuchen, diesen Selbstwert aufrechtzuerhalten, und dazu dienen verschiedene »Techniken«:

- Der sozialpsychologisch relevante Abwärtsvergleich – im Vergleich nach »unten« sind wir immer die Sieger. Ein Aufwärtsvergleich hingegen würde uns schlecht aussehen lassen.
- Das Attributionsmuster – attribuieren bedeutet zuschreiben und hängt im weitesten Sinne mit dem Auf- beziehungsweise Abwärtsvergleich zusammen. Erfolge attribuieren wir internal und stabil, das heißt: Wenn etwas gut gelaufen ist, schreiben wir uns selbst dauerhaft die positiven Eigenschaften zu, die zu diesem Erfolg geführt haben. Misserfolge hingegen attribuieren wir external und variabel, das heißt: Wenn etwas schiefgelaufen ist, dann schieben wir lieber mal dem Kollegen oder der Kundin die Schuld zu. Damit haben wir unseren Selbstwert gerettet.

Im Falle großer Belastung oder psychischer Störung laufen die Vergleiche und die Zuschreibung manchmal auch umgekehrt ab, das heißt: Alle anderen sind besser als ich und ich selbst bin für meine Misserfolge verantwortlich. Diese »ungesunden« Tendenzen können wiederum zu Hilflosigkeitsempfinden und Depression führen.

Um es auf den Punkt zu bringen: Um unseren Selbstwert zu wahren, führen wir uns selbst an der Nase herum und messen mit zweierlei Maß – wir selbst leisten uns Dinge, die wir bei unseren Mitmenschen aufs Schärfste verurteilen! Unser Unterbewusstsein trägt mal wieder seinen Teil dazu bei: Wir projizieren unsere Fehler und Unzulänglichkeiten auf andere.

Wer regt sich denn am meisten über ein Zuspätkommen auf? Häufig derjenige, der selbst gerne unpünktlich ist. Wen stören denn die Rauchschwaden im Foyer am meisten? Nicht selten die Neu-Nichtraucherin, die selbst jahrelang die Luft verpestet hat.

Wie kommen wir nun aus dem Dilemma heraus? Es ist eigentlich ganz einfach: Wenn wir unsere Fehler und Unzulänglichkeiten auf andere projizieren, sind die anderen unser Spiegel. Das Schicksal ist nämlich gnädig, auch wenn wir das nicht immer bemerken. Es versorgt uns stets mit dem, was wir brauchen. Und wenn uns an unserem Gegenüber etwas besonders aufregt, dann können wir dieses Gegenüber als Spiegel nutzen: Wir gehen in eine sehr selbstkritische Innenschau und prüfen, ob es nicht »zufällig« wir selbst sind, die auch genau das tun, was so schlimm und verabscheuungswürdig ist! Über unsere Mitmenschen erhalten wir Hinweise, in welche Richtung wir uns selbst entwickeln können; sie sind ein verlängertes Stück unserer Selbst, das Vehikel unserer inneren Reifung und Heilung. Der Boss, die Kollegin, der Kunde – sie alle sind Indikatoren unseres Selbstrespekts.

Solange wir uns über andere aufregen, sind wir selbst mit uns nicht im Reinen, kämpfen gegen uns selbst.

Wahrer Selbstrespekt wird erst dann möglich, wenn wir unsere Mitmenschen mit ihren Fehlern und Unzulänglichkeiten so annehmen, wie wir uns selbst annehmen wollen und können.

Wir können Ihnen versichern: Das fällt nicht immer leicht, und es ist bestimmt nicht immer angenehm. Aber langfristig – wenn wir uns, unser Innerstes, dadurch besser erkannt haben – erleichtert es uns das Leben und damit auch den Umgang mit Frau Müller und Herrn Meier.

Wenn die nicht zu allem Überfluss auch noch auf der Sonnenseite des Lebens geboren worden wären …

Was hat er, was ich nicht hab? Neid vergiftet das Leben

»Kaum hat mal einer ein bissel was, gleich gibt es welche, die ärgert das«, hatte schon Wilhelm Busch beobachtet. Über unseren Ärger haben wir jetzt gesprochen, auch über Herrn Meier, Frau Müller, den Chef, die Kollegin, die Kunden. Was aber dem Fass wirklich den Boden ausschlägt: Der Blödmann von Kollege wird eher befördert und verdient auch noch viel mehr. Das sind objektive Tatsachen, die uns zu Recht belasten. Wenn wir in einem solchen Moment dem Kollegen den Hals umdrehen möchten, ist es unser unangenehmes Gefühl, unser subjektives Leid, das uns das Leben zusätzlich erschwert. Und damit nicht genug: Im Nachhinein schämen wir uns sogar noch für unsere eigenen Gefühle.

Damit sind wir dreifach gestraft: Erstens ist alles ungerecht, zweitens sind wir neidisch und schlecht gelaunt und drittens verurteilen wir unser Inneres. Und wir sind wieder die Verlierer.

Neid ist – allgemein gesprochen – eine ungute Empfindung gegenüber jemandem, der mehr besitzt oder erfolgreicher ist. Kränkt uns bewusst oder unbewusst ein Besitztum oder Vorzug eines anderen, werden wir neidisch. Ziel des Neids: den Vorzug auszugleichen. Und damit ist Neid ein Zweifel an der Gerechtigkeit der Welt. Neid vergiftet unser Lebensglück und das Selbstbewusstsein. Er ist damit eine reale Gefahr für uns und kann in gesteigerter Form sogar für Beneidete gefährlich werden: wenn er zur Triebkraft destruktiven Handelns wird.

Wollen wir das? Sicher nicht.

Also heißt es, Wege zu finden, wie wir aus der seelischen Sackgasse herauskommen. Und diese Wege haben wir durch die vorangegangenen Ausführungen schon vorgebahnt.

ÜBUNG 9

Neidfrei in drei Schritten

1. SCHRITT: Erkennen und akzeptieren Sie Ihren Neid. Orientieren Sie sich an der vierten Übung (Seite 171). Hier ging es darum, die eigenen Gefühle – und Neid ist ja ein solches Gefühl – ernst zu nehmen und als Bestandteil der Persönlichkeit zu akzeptieren. Sagen Sie sich bewusst: »Ich bin neidisch. Ich habe ein Recht dazu, Neid zu empfinden, er ist ein natürlicher Bestandteil meiner Persönlichkeit. Jetzt gebe ich die Verantwortung für mein Neidischsein ab und bin frei von unangenehmen Gedanken und Gefühlen.«

2. SCHRITT: Setzen Sie sich mit Ihrem Selbstbild auseinander. Machen Sie sich bewusst, dass Sie individuell und einmalig sind. Vergegenwärtigen Sie sich Ihre Stärken und Vorzüge. Würdigen Sie den Augenblick im Sinne der sechsten Übung (Seite 187). Überlegen Sie, womit Sie persönlich zufrieden sind. Besonders wichtig: Lösen Sie sich vom Gruppendruck! Ein Beispiel soll dies verdeutlichen: Wenn ich auf eine Beförderung verzichte, um ausreichend Zeit mit meiner Familie verbringen zu können, stößt dies auf gesellschaftliches Unverständnis. Selbstbestimmung gilt hier und heute (noch) nicht als Lebenskunst. Aber sie ist es!

3. SCHRITT: Finden Sie heraus, was Sie wirklich wollen: Wenn wir zutiefst von etwas überzeugt sind, können wir Maßnahmen ergreifen, tätig werden. Wir sollten also weniger in die Unzufriedenheit hineinträumen als vielmehr die Realität anpacken.

Der Neid verdeutlicht einmal mehr, dass die Welt ungerecht ist und bleibt und es eine »höhere« – und vor allem nicht unmittelbar nachvollziehbare – Gerechtigkeit im Sinne des individuellen Lebensplanes gibt. Bevor wir also Gift und Galle spucken, uns selbst und unsere Mitmenschen vergiften, sollten wir lieber akzeptieren und loslassen, für den Moment danken und beginnen, Dinge bewusst und aktiv zu verändern.

Und sollte all das nicht Trost genug sein, so helfen uns die Worte von August Strindberg: »Beneide niemanden, denn du weißt nicht, ob der Beneidete im Stillen nicht etwas verbirgt, was du bei einem Tausche nicht übernehmen möchtest.«

Und wenn das immer noch nicht genug ist?

Machen Sie sich Luft!

Wissen Sie was?

Manchmal wäre es doch einfach nur schön, genau das zu tun: sich ärgern, aufbrausen, ausrasten, durchdrehen, explodieren, vor Wut platzen, aus dem Kollegen Kleinholz machen, die Assistentin zur Hölle schicken, den Kunden an die Wand klatschen, die Chefin erwürgen, Amok laufen, alle verwünschen, Gott und die Welt verfluchen. Wunderbar!

Klingt nach einem wohltuenden Befreiungsschlag, und das ist es ja auch. Und das ist auch gut so. Also: Nur zu, tun Sie's!

Wie denn, wollen Sie wissen?

Gute Frage.

Erst einmal müssen wir feststellen: Bei dem Szenario geht es wieder um unsere Gedanken und Gefühle. Und die wollen wir mithilfe der Psychohygiene ja nicht nur ernst nehmen, sondern darüber hinaus als wertvolle Bestandteile unserer Persönlichkeit akzeptieren. Wir haben gesehen, dass es *eine* Sache ist, diese Gefühle wahrzunehmen. Sie auszuleben, ist etwas anderes.

Und jetzt sollen Sie doch auf den Putz hauen?

Manchmal schon, denn manche Gefühle sind so stark, dass wahrnehmen und würdigen allein nicht ausreichen. Damit wir uns nicht missverstehen: Wir wollen Sie nicht zur Gewalt anstiften, zu Verstößen gegen Recht und Ordnung! Aber vielleicht gibt es ja Möglichkeiten, unsere Bedürfnisse zu leben, ohne den anderen und uns selbst Schaden zuzufügen?

Der Begriff »Gewalt« stammt ab vom althochdeutschen Verb »waltan«, was so viel bedeutet wie »stark sein« oder »beherrschen«. Das bezeichnet allein die Möglichkeit, eine Handlung durchzuführen. Es sagt noch nichts darüber aus, ob diese Handlung rechtmäßig ist. Im heutigen Sprachgebrauch ist Gewalt eher negativ belegt, und es werden verschiedene Gewaltformen differenziert: physische, psychische, verbale, direkte oder indirekte.

Wie können wir jetzt »Gewalt ausleben«, ohne jemanden zu verletzen? Drei Möglichkeiten wollen wir Ihnen an dieser Stelle aufzeigen:

1. in Gedanken,
2. stellvertretend und
3. durch Transformation.

Zu Möglichkeit 1: Wenn Sie es nicht mehr aushalten und den Eindruck haben, sich gleich nicht mehr beherrschen zu können, dann ziehen Sie im Kopf die Notbremse. Frieren Sie Ihre Aktivität ein, schauen Sie, dass Sie die Situation und die Räumlichkeiten schnellstmöglich verlassen. So verhindern Sie zunächst einmal weiteren Schaden. Wenn Sie Ihre Gedanken und Gefühle nicht in den Griff bekommen, durchleben Sie das, was Sie am liebsten getan hätten und vielleicht noch gerne täten, in Gedanken. Seien Sie frei in Ihren Assoziationen, seien Sie ungehemmt, möglichst konkret und vor allem bildhaft. Malen Sie sich alles genau aus und kreieren Sie in der Vorstellung Ihr persönliches Schreckensszenario. Verprügeln Sie den Kollegen. Wieder und wieder, bis Sie sich beruhigt haben.

Zu Möglichkeit 2: Eine weitere Möglichkeit des Aggressionsabbaus bietet die körperliche Aktivität, zum Beispiel in Form von sportlicher Betätigung. Wenn Sie gar nicht mehr wissen, wohin mit Ihrer Wut, dann ziehen Sie auch hier im Kopf die Notbremse. Betätigen Sie sich anderweitig, dreschen Sie auf ein Kissen ein, das stellvertretend für Ihre Chefin steht. Trommeln Sie gegen die Wand, schreien Sie sich die Seele aus dem Leib, joggen Sie, als ginge es um Ihr Leben. Powern Sie sich aus, vergessen Sie sich im Moment. Die negative und zerstörerische psychische Energie, die sich in Ihnen aufgestaut hat, können Sie kontrolliert über das körperliche Ventil ablassen, und zwar bevor das Ventil unkontrolliert platzt! Sie wollen doch nicht so enden wie das Supermodel Naomi Campbell, die ihrer ehemaligen Hausangestellten im Streit ein Handy an den Kopf warf, und deshalb verurteilt wurde, einen Aggressionsbewältigungskurs zu belegen.

Wir müssen ehrlicherweise zugeben, dass dieser Abschnitt besonders schwierig und kritisch ist, denn er kann einerseits leicht missverstanden werden. Andererseits wollen wir auch nicht verschweigen, dass jede Form der Gewaltausübung, und sei es auch »nur« in Gedanken oder »nur« stellvertretend, dennoch ungünstige Konsequenzen nach sich zieht: Denken Sie an die Selffulfilling Prophecy und an die Macht der Gedanken. Gedanken verfehlen nie ihr Ziel! Und sie kommen immer zum Sender oder zur Senderin zurück. Dessen sollten wir uns stets bewusst sein. Und damit stellen die geschilderten Möglichkeiten auch nur absolute Notlösungen in absoluten Ausnahmesituationen dar! Es ist eben besser, jemanden rein gedanklich zu verprügeln, als es tatsächlich zu tun. Nichtsdestotrotz: Unserer Maxime, am besten auch uns selbst nicht zu schaden, können wir auf diese Weise niemals ganz gerecht werden. Den Schaden, der uns durch unsere gewalttätigen Gedanken entsteht, müssen wir in Kauf nehmen. Manchmal ist es das wert, manchmal sollten wir das kleinere Übel wählen, weil wir dadurch größeren Schaden verhindern.

Vielleicht hilft uns aber die letzte Möglichkeit 3: Wir transformieren innere Gewaltimpulse in äußere gewaltfreie Kommunikation: Wir werden verbal, blasen den anderen den Marsch, sagen ihnen die Meinung. Und zwar richtig – aber so, dass niemand körperlich oder psychisch verletzt wird.

Wie das Prinzip der gewaltfreien Kommunikation genau funktioniert, sehen wir gleich. Vorher werfen wir noch einen Blick auf unsere Mitverantwortung in der Gewaltspirale.

Wie ich mir, so du mir? Erkennen Sie Ihre Mitverantwortung

Wenn wir jetzt das Thema Mitverantwortung ansprechen, dann müssen wir differenzieren:

Es geht um unsere unbewusste Mitverantwortung am Geschehen, so wie wir sie im Kapitel über die Selffulfilling Prophecy kennengelernt haben. Wenn wir uns darüber beklagen, dass die anderen uns respektlos behandeln, sollten wir bedenken, dass dies nicht von ungefähr kommt. Wir werden immer genau so behandelt, wie wir es gerade verdienen. Wenn wir im tiefsten Inneren keinen Respekt vor uns selbst haben, überträgt sich das unbewusst auf unser Gegenüber. Und was dann passiert, ist nur noch die logische Konsequenz.

Die bisher beschriebenen Übungen bieten hier Abhilfe, denn es ist alles eine Frage der Einstellung, der Gedanken. Weitere Übungen wollen wir Ihnen im Folgenden noch ans Herz legen.

Im Vorfeld aber kommen wir auf unsere bewusste Mitverantwortung zu sprechen: Diese lässt sich sehr schön anhand des Konfliktgeschehens nachvollziehen, das der bekannte Konfliktforscher Friedrich Glasl mit seinen neun Eskalationsstufen beschreibt:

1. *Verhärtung:* Unsere Meinungen werden Standpunkte und nehmen eine starre Form an, Wahrnehmungsverzerrungen treten auf.
2. *Polarisation, Debatte:* Wir und unser Gegenüber haben zwar noch gemeinsame Ziele, aber die Einzelinteressen beginnen stärker zu konkurrieren, wir befürchten, dass ein Abrücken vom eigenen Standpunkt nachteilige Konsequenzen hat.
3. *Taten statt Worte:* Wir stellen unsere eigene Auffassung nicht mehr infrage und versuchen, unser Gegenüber durch Druck zu überzeugen. Gespräche werden aufgegeben, Taten erzeugen Gegenreaktionen.
4. *Images und Koalitionen:* Feindselige Haltungen nehmen zu, wir zeichnen ein pauschaliertes Negativbild unseres Gegners und ein glorifiziertes Selbstbild.
5. *Gesichtsverlust:* Wir versuchen gegenseitig, uns vor der Öffentlichkeit zu demaskieren und vermeiden direkten Kontakt.
6. *Drohstrategien:* Unser Gewaltdenken nimmt zu, der Gegner erscheint uns aggressiv, unser eigenes Verhalten sehen wir lediglich als Reaktion.
7. *Begrenzte Vernichtungsschläge:* Wir versuchen, den Gegner durch Schädigungsschläge zu entmachten und unsere eigene Existenz zu sichern.
8. *Zersplitterung:* Die Vernichtungsschläge richten sich nun wechselseitig auf die Existenzgrundlagen.
9. *Gemeinsam in den Abgrund:* Unser Ziel ist die totale Vernichtung des Gegners, dafür setzen wir alle verfügbare Gewalt ein, sogar auf die Gefahr hin, uns selbst zu vernichten.

Wenn wir diese neun Stufen der Eskalation betrachten, dann erkennen wir recht bald, dass das derart skizzierte Geschehen gar nicht so weit von unserem eigenen Erleben entfernt ist. Manchmal sind wir einfach zu verbissen und können kein Argument finden, das für ein Nachgeben spräche. Schneller, als wir denken, haben wir Stufe 6 bis 7 erreicht. Dabei gibt der Klügere doch nach!

Der Volksmund weiß: »Recht haben und recht bekommen sind zwei verschiedene Dinge.« Daher müssen wir uns sehr gut überlegen, wie wir mit dem alltäglichen Wahnsinn zurechtkommen. Denn Jean-Jacques Rousseau hatte recht, als er sagte: »Wahnsinn schafft kein Recht.«

Ein probates Mittel gegen den Wahnsinn ist die Empathie: das Ein- und Mitfühlen, die Perspektivenübernahme. Wir schauen uns bewusst und aktiv das Problem aus der Sicht des anderen, des Gegenübers, an. Wie das im Detail funktioniert, das sehen wir jetzt.

ÜBUNG 10

In den Schuhen des anderen gehen

Positionieren Sie zwei Stühle im rechten Winkel zueinander. Nehmen Sie auf dem einen Platz und lassen Sie so viel Abstand zum zweiten Stuhl, dass, wenn dieser besetzt wäre, eine angenehme Gesprächssituation entstünde.

Vergegenwärtigen Sie sich Ihr derzeitiges Problem. Betrachten Sie den Konflikt, in den Sie verwickelt sind, fühlen Sie sich in das belastende Geschehen ein. Sammeln Sie Ihre Argumente und versuchen Sie, Ihre Sichtweise in ein paar Sätzen zusammenzufassen. Sie können sich auch gerne Notizen machen, halten Sie einige wenige einprägsame Stichworte fest. Fragen Sie sich: »Wie fühle ich mich mit dem Streit, mit dem Problem, mit dem, worum es gerade geht?« Sie können auch dem leeren Stuhl laut erzählen, wie es Ihnen geht. Keine Sorge, Sie sind nicht verrückt! Das Erzählen bewirkt, dass Sie sich selbst besser zuhören und sich damit in Ihrem Erleben ernst nehmen. Es ist wichtig, dass Sie diesen Punkt sauber abschließen und alles gedacht, gefühlt und gesagt haben, was Ihnen bedeutsam erscheint. Dann erst gehen Sie den zweiten Schritt:

Wechseln Sie nun den Stuhl. Versetzen Sie sich jetzt in Ihr Gegenüber, in Ihren »Gegner« hinein. Stellen Sie sich vor, wie es ihm oder ihr geht. Und dann tun Sie Folgendes: Sagen Sie sich: »Ich bin jetzt .... (hier setzen Sie dann den Namen Ihres Gegenübers ein) und meine Sicht als .... (hier setzen Sie wieder den Namen ein) auf die Angelegenheit ist diese: ...«. Und jetzt erzählen Sie als der oder die andere den Konflikt beziehungsweise das Problem dem ersten Stuhl. Fragen Sie sich als Ihr Gegenüber, wie Sie sich fühlen, was die Sache in Ihnen auslöst, wie Sie es erleben. Sie können sich auch wieder Notizen machen.

An diesem Punkt müssen Sie sehr »streng« mit sich selbst sein: Wir Menschen haben eine ungeheure Aversion dagegen, etwas zu spüren und zu artikulieren, das nicht unserer Sicht entspricht. Betrügen Sie sich nicht selbst, indem Sie Ihrem Gegenüber Sätze in den Mund legen, die Sie zwar gern hören würden, die aber nicht der Realität entsprechen. Sie können sich die Perspektivenübernahme erleichtern, indem Sie sich deutlich machen, dass es zunächst nur darum geht, den anderen besser zu verstehen. Wir neigen dazu, Verstehen mit Akzeptieren gleichzusetzen; deshalb sträuben wir uns dagegen, uns in den anderen einzufühlen. Verstehen heißt aber noch lange nicht akzeptieren; das ist etwas ganz anderes, das an dieser Stelle auch nicht zwangsläufig stattfinden muss. Sie werden sehen: Wenn Sie diese Regeln beherzigen, fällt es Ihnen nicht schwer, Ihr Gegenüber besser zu verstehen. Was Sie danach mit Ihrer eigenen Meinung machen, entscheiden nur Sie selbst. Keine Panik: Niemand will Ihnen etwas nehmen. Es geht darum, die Seite der Angelegenheit zu verstehen und emotional nachzuempfinden, die Ihnen bisher nicht geläufig war. Eine indianische Redensart besagt: »Urteile nie über einen anderen, bevor du nicht einen Mond lang in seinen Mokassins gegangen bist.«

Mit dieser Übung wollen wir Ihnen nichts nehmen, Sie zu nichts zwingen und Sie auch keiner Gehirnwäsche unterziehen. Wir möchten Ihnen lediglich eine hocheffektive Möglichkeit aufzeigen, darüber nachzudenken, welchen Beitrag Sie selbst zum Geschehen leisten, wie es um Ihre Mitverantwortung bestellt ist. Sie selbst entscheiden, was Sie davon annehmen oder auch nicht. Das Einfühlen ist eine reine Übungssache; am Anfang mag es befremdlich sein, aber mit der Zeit werden Sie routinierter. Es gelingt teilweise sogar in extremen Situationen: Bei Anti-Aggressions-Therapien zum Beispiel werden (potenzielle) Gewalttäter aufgefordert, sich empathisch in ihre Opfer hineinzuversetzen.

So weit muss es aber nicht unbedingt kommen – und damit zurück zur gewaltfreien Kommunikation, die von dem amerikanischen Psychologen und Autor Marshall B. Rosenberg entwickelt wurde. Vorher können wir nämlich noch miteinander reden: du und ich.

Du, du, du – immer nur du. Und ich? So kommunizieren Sie gewaltfrei

»Du bist mal wieder zu spät.«
»Du hast deine Sachen ja immer noch nicht gemacht.«
»Du glaubst wohl, du kannst dir hier alles erlauben.«
»Du könntest ruhig auch mal ein bisschen mitdenken.«
»Du enttäuschst mich.«

Du bist … Du hast … immer … du … du … du …
Hilfe!

So geht es den ganzen Tag; Woche für Woche, Jahr für Jahr – das ganze Leben. Permanent hören wir, dass wir etwas falsch gemacht haben, etwas vergessen haben, hoffnungslos verloren sind.

Und wenn wir überprüfen, was wir selbst von uns geben, stellen wir fest, dass wir auch nicht viel besser sind.

Wir Menschen neigen in unserer Kommunikation dazu, beim Gegenüber anzusetzen, beim Du / Dir, beim Sie / Ihnen. Was wir sagen, sind in der Regel klassische Du-Botschaften.

Stellen Sie sich vor: Sie kommen morgens ins Büro, haben bis spät nachts noch das heutige Meeting vorbereitet und schon vor drei Tagen Ihre Assistentin beauftragt, ein paar Charts zu gestalten, damit Sie dem Chef Ihr Projekt, an dem Sie seit über sechs Monaten unter Hochdruck arbeiten, gleich fundiert und anschaulich präsentieren können. Ihre Assistentin ist unauffindbar, erscheint nach 15 Minuten lachend und wohl gelaunt und teilt Ihnen im Vorbeigehen mit, sie habe die Unterlagen ganz vergessen und würde sie bis übermorgen nachliefern.

Was ist Ihre erste Reaktion – ganz spontan? Vermutlich: »Du blöde Kuh, kannst du nicht einmal tun, was man dir sagt?«

Oder so ähnlich. Das ist ganz normal.

Was ist nun das Charakteristische einer Du-Botschaft, wie wir sie schon so oft gehört und gesendet haben? Die Du-Botschaft ist durch etwas Vorwurfsvolles, Anklagendes gekennzeichnet, durch Schuldzuweisung. Und was lösen Vorwürfe, Anklagen und Schuldzuweisungen aus? Rechtfertigungen und Gegenvorwürfe. Sie beißen damit also in der Regel auf Granit.

Was wird Ihre Assistentin wohl antworten? »Haben Sie schlecht geschlafen? Ihnen ist wohl noch nie ein Fehler passiert!«

Und auf der Eskalationsleiter steigen wir gleich eine Stufe höher. Gegenseitiges Verständnis? Fehlanzeige! Zur Erinnerung: Verstehen heißt nicht gleichzeitig akzeptieren.

Das Charakteristische der Du-Botschaft ist also der Vorwurf, der einen Gegenvorwurf auslöst; wir reden aneinander vorbei, dreschen gegebenenfalls verbal aufeinander ein. Am Ende hat keiner etwas begriffen. Gefährlich ist, dass wir durch unseren Vorwurf unser Gegenüber ungerecht behandeln, denn wir versäumen, herauszufinden, ob es nicht vielleicht gute Gründe für das Versäumnis gibt. So könnte es zum Beispiel sein, dass Ihre Assistentin seit einer Woche unter grauenhafter Migräne leidet, vorgestern ihre Katze gestorben ist und sie seit zwei Tagen krampfhaft versucht, Sie telefonisch zu erreichen, um zu erfragen, ob man den Termin nicht verschieben könne. In diesem Fall nicht unbedingt wahrscheinlich, aber man weiß ja nie. Jedenfalls kann es sein, dass wir anderen gegenüber wirklich ungerecht sind, wenn wir sofort mit Vorwürfen reagieren. Kurz: Du-Botschaften sind verbale Gewalt.

Was können wir anders und besser machen? Die Rettung ist in der Ich-Botschaft zu finden. Sie besteht aus vier Teilen:

1. Beobachtung
2. Gefühl
3. Bedürfnis
4. Wunsch

Ich-Botschaften machen die Kommunikation gewaltfreier.

ÜBUNG 11

Ich-Botschaften senden

Stellen Sie sich vor, Sie wären der Protagonist unseres Beispiels: Sie müssen gleich zum Chef gehen. Arbeiten Sie die vier Teile der Ich-Botschaft an Ihre Assistentin heraus:

1. BEOBACHTUNG: Beschreiben Sie zunächst objektiv und ohne Wertung den Sachverhalt, bleiben Sie sachlich und äußern Sie sich so, dass alles, was Sie sagen, möglichst konkret und allgemein nachvollziehbar ist.

   AUFGABE 1: Formulieren Sie Ihre Beobachtung für das obige Beispiel.

2. GEFÜHL: Sagen Sie, was die Angelegenheit in Ihnen auslöst, sagen Sie, wie es Ihnen geht, wie Sie sich fühlen.

AUFGABE 2: Formulieren Sie Ihr Gefühl für das obige Beispiel.

3. BEDÜRFNIS: Begründen Sie, wie Ihr unter 2 genanntes Gefühl zustande kommt, sagen Sie, weshalb es Ihnen gerade so geht.

AUFGABE 3: Formulieren Sie Ihr Bedürfnis für das obige Beispiel.

4. WUNSCH: Äußern Sie eine Bitte, sagen Sie, wie Sie es sich das nächste Mal wünschen und beachten Sie dabei, dass Wünsche und Bitten keine Forderungen sind.

AUFGABE 4: Formulieren Sie Ihren Wunsch für das obige Beispiel.

Und jetzt setzen Sie die vier Teile der Ich-Botschaft zusammen. Es müsste sich ungefähr Folgendes ergeben:

»Wenn ich nach einer arbeitsamen Nacht und mit Druck wegen der Präsentation ins Büro komme und die Charts sind nicht fertig *(Beobachtung)*, dann bin ich fassungslos und auch wütend *(Gefühl)*, weil ich Sie – mit meinem Bedürfnis nach Zuverlässigkeit – bereits vor drei Tagen darum bat und jetzt aufgeschmissen bin *(Bedürfnis)* und ich bitte Sie, dass Sie mir das nächste Mal, wenn etwas dazwischen kommen sollte, so rechtzeitig Bescheid geben, dass wir nach einer Alternative suchen können *(Wunsch)*.«

Zugegebenermaßen mag es am Anfang etwas ungewohnt klingen. Die Vorteile sind jedoch unübersehbeziehungsweise unüberhörbar: Es gibt keinen Vorwurf mehr und deshalb wird niemand mit Gegenvorwürfen zurückschießen können. Ein weiterer Vorteil besteht darin, dass man Ihnen das, was Sie sagen, nicht nehmen kann. Wenn Sie Ihre Assistentin beschimpfen, kann sie entsprechend kontern. Wenn Sie aber bei sich selbst bleiben und von Ihren Gefühlen sprechen, wird niemand das Gegenteil behaupten können.

Und damit ist die Ich-Botschaft ein fairer Weg in der Kommunikation, auf dem wir andere an unserem Innenleben teilhaben lassen können, ohne sie ungerecht zu behandeln und zu verletzen. Sie werden uns deshalb besser zuhören und unsere Bitte am Ende ernster nehmen können. Die ginge nämlich sonst im allgemeinen Gezeter ganz schnell unter. Das heißt: Wir müssen uns nicht einmal verstellen, denn wir können unsere Gefühle ganz offen benennen. Kurz: Der innere Gewaltimpuls ist in äußere gewaltfreie Kommunikation transformiert.

Wir kommen gleich, im letzten Kapitel, noch einmal auf die Ich-Botschaft zurück: Es geht darum, die einzelnen Teile genauer unter die Lupe zu nehmen. Diese Teile haben nämlich sehr viel mit unseren Themen Persönlichkeit und Selbstrespekt zu tun. Wir können anderen nur gewaltfrei und respektvoll begegnen und umgekehrt, wenn wir wirklich gut zu uns selbst sind! Außerdem werden wir in diesem Zusammenhang die Problematik »Wie sage ich's dem Boss?« näher beleuchten. Grundsätzlich gilt zwar: Die Ich-Botschaft bietet mir immer die Möglichkeit, meinen Mitmenschen respektvoll die Meinung zu sagen – egal ob Partnerin, Kollege, Freund oder Chefin. Aber: Bei Vorgesetzten müssen wir »doppelt respektvoll« sein, denn sie spielen auch noch eine besondere Rolle innerhalb der Hierarchie, die es zusätzlich zu respektieren gilt.

Die Ich-Botschaft ist am Anfang also etwas sperrig, und es ist auch nicht immer leicht, sich in einer emotional aufgeladenen Situation zusammenzureißen. Sie werden aber sehen, dass es Ihnen mit zunehmender Übung immer leichter fallen wird. Vor allem werden Sie in überraschte Gesichter blicken. Probieren Sie es vor dem »Ernstfall« niederschwellig aus, im Freundeskreis oder zum Pläsier der Familie.

Jedem Tierchen sein Pläsierchen. Lernen Sie, loszulassen

Ein Blick ins Büro der »Hamster« hat deutlich gemacht, dass es in der Tat Grund gibt, sich aufzuregen – über all die Ungerechtigkeiten und Unverfrorenheiten, die uns dort begegnen. Ein zweiter Blick auf uns selbst zeigte, dass wir auch nicht immer ganz unschuldig sind, dass wir unsere Beteiligung am Geschehen jedoch gerne mit zweierlei Maß messen.

Verstehen wir die anderen Menschen jedoch als Geschenk des Himmels und versuchen, uns in ihnen zu spiegeln, erhalten wir wertvolle Hinweise, in welche Richtung wir uns selbst entwickeln können. Dann besteht auch keine Notwendigkeit mehr, neidisch zu sein. Wir können unsere gesamte Aufmerksamkeit auf unsere Mitverantwortung richten und vor allem versuchen, uns in unsere Mitmenschen einzufühlen – »in ihren Schuhen zu gehen«. Es fördert das Verständnis, wenn wir erkennen, dass es den anderen auch nicht besser geht, dass sie vielleicht mit ihrem Job und mit ihrem Leben unglücklich sind. Und mit so viel Einfühlungsvermögen und Respekt fällt es uns nicht mehr schwer, loszulassen. Wir sind frei von den Bewertungen anderer, weil wir sie selbst nicht mehr bewerten. Das hat überhaupt nichts mit Egoismus zu tun, da wir sehr aufmerksam und offen für die Bedürfnisse der anderen bleiben. Die Ich-Botschaft ist das perfekte Beispiel für den gewaltfreien und respektvollen Umgang mit unseren Mitmenschen, weil sie uns erlaubt, absolut offen, ehrlich und authentisch zu sein.

Wenn wir die Welt, oder auch nur ein Stück der Welt, verändern wollen, tun wir gut daran, bei uns anzufangen. Da können wir auch am wenigsten Schaden anrichten.

Wir müssen also nicht immer mit allen »können«; wir sollten die anderen nur so respektieren, wie sie sind. Damit wir uns selbst respektieren können. So, wie wir sind.

Persönlichkeit behalten, Selbstrespekt stärken. Die Anleitung zum Glücklichsein

Die Wahrheit ist: Ein Job ist ein Job – und wird es bleiben. Mit zu wenig Geld, zu wenig Status, zu wenig Sinn, zu wenig Handlungsspielraum, zu wenig Anerkennung. Mit der lebenslangen Garantie auf Dauerfrust und Unglück. Es ist egal, für wen wir arbeiten.

Nun haben wir in den vorangegangenen Kapiteln bereits Ansätze und Übungen kennengelernt, die uns helfen, mit unserem Job, mit uns, unseren Gedanken und unseren Mitmenschen besser zurechtzukommen. Die analysierten und besprochenen Grundprinzipien ermöglichen es uns, bestehende Denkmuster aufzubrechen, neue Handlungsstrategien zu entwickeln und Schritt für Schritt einzusetzen. Wir sind auf dem Weg der Genesung und heilen uns selbst. Aus eigener Kraft.

In diesem letzten Kapitel wollen wir diese Ansätze zusammenführen und daran arbeiten, unseren Selbstrespekt bewusst und aktiv zu stärken. Nur so können wir den Job, den wir haben und vielleicht hassen, zu dem Job machen, der uns passt.

Die Frage ist: Wann ist *ein* Job *Ihr* Job? Ihr Job, in dem Sie aufgehen, in dem Sie persönlich glücklich sind, den Sie lieben – trotz aller Probleme und Konflikte? Die Antwort lautet: Wenn Sie mit sich selbst im Reinen sind, sich selbst respektieren, sodass all diese Probleme und Konflikte Ihnen nichts mehr anhaben können.

Wie sollen andere Sie lieben, wenn Sie sich selbst nicht mögen?

»Lieb mich, bitte, lieb mich …«, singt Marius Müller-Westernhagen. Solange wir jammern und klagen, solange wir die Schuld bei den anderen suchen, dreht sich das Hamsterrad weiter, dauert der Arbeitsalbtraum an, reißt uns die Unglücksspirale in den Abgrund. Und solange wir uns selbst verurteilen, uns Vorwürfe machen und uns schuldig fühlen, treten uns die Chefs und Kollegen, die Kundinnen und Partner mit Füßen.

Denken wir an die Selffulfilling Prophecy, die wir besprochen haben, und vergegenwärtigen wir uns die dramatischen Konsequenzen des negativen Denkens. Und da fragen wir uns noch, warum die anderen uns schlecht behandeln? Warum sie immer uns die Schuld an allem Missgeschick zuweisen? Die Antwort ist einfach: Weil wir uns selbst nicht mögen! Wir haben es ja nicht anders gelernt.

Traurig, aber wahr: Blicken wir in unserer Biografie zurück, reflektieren wir unsere Sozialisation, stellen wir oftmals fest, dass es an vielem mangelte, aber sicher nicht an Kritik. Und damit kommen wir zu einem sehr bedeutsamen lerntheoretischen Prinzip, der Konditionierung. Wir wollen verstehen, wie unsere Selbstverachtung zustande kommt. Vielleicht lässt sich daraus ableiten, wie wir sie transformieren können.

Bereits vor über 100 Jahren haben psychologische Wissenschaftler die Konditionierung entdeckt: Sie besagt im Wesentlichen, dass die Konsequenzen beziehungsweise Reaktionen auf ein Verhalten darüber entscheiden, inwieweit dieses Verhalten erneut auftritt. Konkret: Wenn mein Hund mir Pfötchen gibt und ich ihn danach mit Leckerli belohne, dann wird er mir wieder Pfötchen geben, um eine weitere Belohnung zu erhalten. Übertragen auf uns Menschen bedeutet dies: Wenn ich mit viel Einsatz für meine Chefin eine Präsentation gestalte und sie mich im Anschluss für diese Leistung lobt und mir ihren herzlichen Dank ausspricht, werde ich in Zukunft erneut viel Einsatz zeigen, wenn es Aufgaben für meine Chefin zu erledigen gilt.

So weit, so gut.

Leider ist es in der Realität aber so, dass unsere Mitmenschen schon deshalb gar nicht individuell auf uns eingehen können, weil dazu im Alltagsgeschäft einfach die Zeit fehlt, weil mit uns mehr als 6,6 Milliarden Menschen um Aufmerksamkeit und Anerkennung buhlen. Und auch wir selbst können leider nicht immer allen gleichermaßen gerecht werden. Wenn wir also tun und machen, aber kein Lob, keine Reaktion erhalten, sind wir zunächst verwirrt. Normalerweise müsste laut Konditionierung dieses Verhalten zunehmend verschwinden, weil es nicht mehr verstärkt wird – wie mein Hund aufhört, Pfötchen zu geben, wenn er kein Leckerli mehr dafür bekommt. Das geht aber nicht, denn im Job unterliegen wir gewissen Verpflichtungen und können es uns nicht leisten, unsere Aufgaben einfach »ausschleichen« zu lassen, wie die Psychologen sagen.

Damit befinden wir uns in einer sehr undankbaren Situation: Einerseits fordert unsere Umwelt ein bestimmtes Verhalten (Aufgaben übernehmen, Präsentationen schreiben …) von uns, andererseits gibt sie uns keine Reaktion, wenn wir diese Forderungen erfüllen. Wenn sich dieses Schema wiederholt, werden wir zunehmend unsicher und beginnen, an uns selbst zu zweifeln: »Habe ich auch alles richtig gemacht? Was stimmt denn nicht, ich kann den Fehler nicht finden!« Und wenn es – was leider auch nicht selten passiert – zwar Feedback gibt, dieses aber auch noch negativ ist und somit statt einer Belohnung eine Strafe darstellt, sind die Selbstzweifel bestätigt. Ursprünglich gewünschtes oder sogar eingefordertes Verhalten wird bestraft! Wir sind hilflos und beginnen, in eine Selbstwert-Negativ-Spirale hineinzustrudeln. Die Selbstzweifel machen uns nervös, wir werden fahrig, begehen wirklich Fehler, es folgt berechtigte Kritik, unsere Verzweiflung steigert sich, die Spirale dreht sich. Diese Hilflosigkeit ist eine Vorstufe der in den vorangegangenen Kapiteln beschriebenen universellen Hilflosigkeit, mit der wir dem Schicksal ausgeliefert sind.

Das Ergebnis: Wir übernehmen die negative Sicht auf unser Verhalten, unsere Handlung, auf unsere Person. Wir integrieren selbstkritische, verurteilende Anteile in unsere Persönlichkeit. Und dann kommt es, wie es kommen muss: Die anderen tun alles – nur eines nicht: uns lieben. Und damit fühlen wir uns absolut wertlos!

Erkennen Sie Ihren eigenen Wert – das Straßenkehrer-Prinzip

Die Fachzeitschrift *Psychologie Heute* widmete sich unlängst dem Thema Selbstveränderung. Tenor war, dass es verdammt schwer fällt, sich zu verändern. Und wir selbst kennen das ja zur Genüge, dafür brauchen wir keine Wissenschaft.

Andererseits ist inzwischen klar, dass wir die anderen nicht verändern können, sondern tunlichst bei uns selbst anfangen sollten. Der Coach und Bestsellerautor Horst Conen schreibt in seinem Buch *Schenk dir selbst ein neues Leben*, dass Selbstveränderung manchmal sogar ein Muss ist, damit es uns wieder besser geht. Das heißt, dass der Veränderungsprozess zwar durchaus anstrengend und auch schmerzhaft sein kann, der Aufwand sich aber wirklich lohnt. Denn hinterher haben wir mehr vom Leben.

Wie können wir nun durch Selbstveränderung unseren Wert, unseren Selbstwert – und damit unsere Arbeits- und Lebensqualität – steigern?

ÜBUNG 12

Sich selbst lieben

Für diese Übung greifen wir auf die Übung 8 (Seite 202) zurück: Sie hatten ja eine Liste Ihrer Fertigkeiten und Fähigkeiten angelegt und notiert, über welche Ihrer guten Eigenschaften Sie sich freuen, welche Stärken Sie haben. Jeden Tag haben Sie ein Goldstückchen ausgewählt und sich bewusst mit diesem Aspekt Ihrer Persönlichkeit auseinandergesetzt. Jetzt kombinieren wir diese Übung mit Übung 3 (Seite 158). Sie haben Ihre positiven Selbstsuggestionen wiederholt. Diese haben die Kraft, tief in unser Unterbewusstsein einzudringen. Wählen Sie eines Ihrer Goldstückchen aus und schmieden Sie es zu einer Affirmation. Diese wird so oder ähnlich lauten:

- Ich bin stark!
- Ich bin geduldig!
- Ich bin .... (Goldstückchen)!
- Ich bin ein wertvoller Mensch!
- Ich liebe mich selbst und ich werde geliebt!

Überfordern Sie sich nicht, indem Sie alle Ihre bisherigen Gedanken sofort und auf einmal verändern wollen. Das wird am ehesten dazu führen, dass Sie bald völlig entnervt und frustriert feststellen, dass das alles mal wieder nicht funktioniert. Lassen Sie sich und Ihrem Unterbewusstsein Zeit, die Veränderungen auch anzunehmen. Wir hatten ja bereits weiter oben besprochen, wie wichtig es ist, unser Unterbewusstsein, das die Veränderung so sehr fürchtet, freundlich zu »überlisten«. Die Transformation von Selbsthass ist ein Prozess! Halten Sie es mit Ihrer Veränderung wie der berühmte Straßenkehrer Beppo aus dem Roman *Momo* von Michael Ende: Statt bis zum Ende der langen Straße sah er immer nur das nächste Stück und konnte sich so gelassen und freudig seiner Tätigkeit widmen. Schritt für Schritt. Besenstrich für Besenstrich.

1. Wiederholen Sie zunächst die Affirmationen nur für sich, wann immer sie Ihnen in den Sinn kommen.
2. Wenn Sie etwas Gutes getan haben, ein Ziel erreicht haben, erfolgreich waren, dann belohnen Sie sich im Sinne der im vorangegangenen Abschnitt besprochenen Konditionierung mit einem »Leckerli« selbst. Loben Sie sich. Freuen Sie sich über sich selbst. Führen Sie sich Ihren Wert vor Augen!
3. Beobachten Sie dann, was sich in Ihrem Erleben ändert, wie Sie sich fühlen, wie es Ihnen ergeht.
4. Weiten Sie dann den Blick und beginnen Sie nach und nach, Ihre Mitmenschen zu beobachten. Achten Sie darauf, wie Ihre Mitmenschen auf Sie reagieren, wie sie Ihnen begegnen.
5. Würdigen Sie dann gedanklich auch Ihre Mitmenschen. Freuen Sie sich mit ihnen, danken Sie ihnen, sagen Sie sich im Geiste, wie wichtig und wertvoll die anderen für Sie sind.

Sie werden sehen und erleben, wie sich im Laufe der Zeit alles wendet. Geben Sie sich, Ihrem Unterbewusstsein und auch Ihrer Umwelt Zeit. Es dauert eine Weile, bis Sie Ihr Inneres rein gefegt und poliert haben und sich dem Ende der Straße nähern.

Die »innere Würdigung« können Sie zunehmend nach außen verlagern und auch laut aussprechen. Schenken Sie Ihren Mitmenschen genau das, was Sie sich selbst gewünscht haben und immer noch wünschen, nämlich Aufmerksamkeit, Wertschätzung, liebevollen Umgang.

Und tun Sie vor allem eines: Werden Sie gefühlsecht!

Nur Mut: Werden Sie gefühlsecht …

Sie erinnern sich – an einem gewissen Punkt ist es einfach nur schön, genau das zu tun: sich ärgern, aufbrausen und explodieren.

Diesen Punkt haben wir bereits überwunden und die Ich-Botschaft als wohltuenden Befreiungsschlag kennengelernt. Sie ist das Gegenteil der Du-Botschaft und damit frei von Vorwurf, Anklage und Schuldzuweisung. Sie verhindert Ungerechtigkeit.

Ich bin ich, ich bleibe jetzt mit meinen Äußerungen bei mir und kommuniziere doch damit gewaltfrei. Wieso kommen wir an dieser Stelle wieder darauf zurück?

Der Teufel steckt im Detail. Und damit kommen wir zum Zusammenhang von gewaltfreier Kommunikation und Selbstrespekt. Wenn wir den anderen mal so richtig die Meinung sagen wollen, dann tun wir wieder gut daran, bei uns selbst anzufangen. Und ein entscheidendes Detail sind unsere eigenen Gefühle:

»Ich fühle mich von dir verletzt.«

»Ich habe das Gefühl, du hörst mir nie zu.«

»Ich fühle mich übergangen!«

Wir sagen, was die Angelegenheit bei uns auslöst, wie es uns geht, wie wir uns fühlen. Doch weit gefehlt! Wir sprechen zwar von Gefühlen, tatsächlich *denken* wir aber. Was ist nun damit gemeint? Eine Aussage wie »Ich habe das Gefühl, man nimmt mich hier nicht ernst!« enthält zwar den Begriff Gefühl; wenn wir aber genauer schauen, stellen wir fest, dass es sich bei diesem vermeintlichen Gefühl weniger um eine emotionale Regung als vielmehr um eine gedankliche Einschätzung einer Situation handelt. Wir verkaufen unseren Mitmenschen unsere Gedanken und rationalen Einschätzungen als unsere Gefühle.

Wir äußern *Pseudo-Gefühle*!

Ein echtes Gefühl kann nur etwas sein, das in unserem Inneren spürbar ist und für das wir die Verantwortung übernehmen können. Ein Gefühl ist nicht das, was ich über einen anderen denke. Diese Einschätzung wiederum kann natürlich Gefühle in mir hervorrufen: Wenn ich *denke*, ich würde missachtet, bin ich *traurig*.

Gefühle entstehen, wenn unsere Bedürfnisse entweder erfüllt oder nicht erfüllt sind. Echte Gefühle – um hier nur einige zu nennen – sind Traurigkeit, Angst, Wut oder auch Freude und Zuneigung.

Wenn Sie also den anderen die Meinung sagen möchten, dann achten Sie darauf, dass Sie auch die *richtigen, echten Gefühle* benennen. Das ist der erste Schritt in Richtung Selbstrespekt: Wir nehmen unseren inneren Reichtum an. Wie sollen uns denn unsere Mitmenschen ernst nehmen und respektieren, wenn wir selbst nicht einmal in der Lage sind, authentisch zu sein?

An dieser Stelle kommen wir auch zu einer damit verbundenen Schwierigkeit: Wir ignorieren unsere wahren, echten Gefühle nicht, weil wir dumm und faul sind. Nein, dahinter steckt wieder die Macht unseres Unterbewusstseins. Wir haben Schwierigkeiten, zu unseren eigenen Gefühlen zu finden, sie zu benennen und anderen nachvollziehbar zu machen, weil diese Gefühle viel in uns auslösen können und sehr großen Einfluss auf unser Leben nehmen. Oder denken Sie, dass es immer angenehm ist, in Kontakt mit dem tiefsten Inneren zu sein? Mit der Traurigkeit, der Angst, dem Schmerz? Gerade beim ersten Mal kann es verdammt wehtun, mit sich selbst konfrontiert zu werden. Bestimmte Gefühle sind einfach schmerzhaft und unerwünscht, fast schon tabu. Das lernen wir schon als kleine Kinder, wenn unsere Eltern uns trösten. Nicht, dass wir uns an dieser Stelle missverstehen. Unsere Eltern leiden natürlich mit uns und wollen nur das Beste, wenn wir zum Beispiel gestürzt sind und hören, dass alles doch nicht so schlimm sei. Sie meinen es gut! Leider passiert trotzdem das Folgende: Wir haben Schmerzen und werden nicht ernst genommen, nicht respektiert. Es entsteht eine Dissonanz: Angst, Traurigkeit, Schmerz auf der einen Seite und »alles nicht schlimm, gleich vorbei« auf der anderen Seite. Das widerspricht sich.

Wir müssen erst wieder erlernen, den Zugang zu unserem Inneren zu finden, auf uns zu hören, unsere Signale zu interpretieren, um zu einer Gefühlsechtheit zurückzufinden. Und das ist nicht immer ganz leicht; doch wenn es uns gelingt, graben wir gleichzeitig auch die angenehmen Gefühle aus. Und das sind Freude, Glück und Liebe.

Beachten und hinterfragen Sie Ihre Gefühle, horchen Sie in sich hinein und bleiben Sie geduldig am Ball. Es ist nur eine Frage der Zeit und der Übung. Sie werden Ihren inneren Reichtum wertschätzen und vor allem respektieren lernen!

Und wie soll das mit Ihrem Chef klappen? Sollen Sie ihm jetzt einfach Ihr Herz ausschütten?

Geben Sie Ihrem Chef Feedback!

Wie kann ich also dem Chef die Meinung sagen, mein Herz ausschütten, ohne mein Gesicht und vor allem meinen Job zu verlieren?

Gerade in hierarchischen Strukturen, bei ungleicher Machtverteilung – und das Verhältnis zwischen Ihrem Boss und Ihnen ist durch ein Gefälle gekennzeichnet – empfiehlt es sich nur bedingt, das Innere nach Außen zu kehren. Unsere Emotionen kann man uns zwar nicht nehmen, dennoch werden wir durch Gefühlsechtheit manchmal auch verletzlich. Und manche Menschen versuchen, unsere Gefühle gegen uns zu verwenden. Wir müssen uns nicht verstellen, aber innerhalb bestimmter formaler Beziehungen kann es für einen Fortschritt auf der kommunikativen, zwischenmenschlichen Ebene bisweilen ausreichend sein, sich auf sachliche Aspekte zu konzentrieren. Das soll aber nicht heißen, dass wir gegenüber unseren Vorgesetzten grundsätzlich unsere Persönlichkeit aufgeben müssen! Auch hier können wir ganz normal die Klappe aufreißen, und zwar weit. Wir geben Feedback. Ganz normal. Wie das *normal* funktionieren kann, das sehen wir jetzt:

Der Begriff »Feedback« stammt aus dem Englischen, heißt Rückmeldung und kann frei mit »Zurück-Füttern« übersetzt werden. Und damit das, was wir zurückfüttern, nicht nur nahrhaft, sondern auch verdaulich ist, kann es sinnvoll sein, bestimmte Regeln zu beachten:

1. Feedback geben und nehmen ist freiwillig und kann niemandem aufgezwungen werden. Also: »Darf ich Ihnen eine Rückmeldung geben?« beziehungsweise »Ich hätte gerne ein Feedback, könnten Sie mir bitte eines geben?«.
2. Feedback ist ausgewogen, das heißt, wir sagen, was uns gefällt, was wir als gelungen einschätzen, womit wir Schwierigkeiten haben, was uns weniger gut gefällt, wo wir Veränderungsbedarf sehen.
3. Feedback ist eine subjektive Wahrnehmung und an konkretem Verhalten orientiert (»Als Sie *anstelle X* sagten, *fand ich* …«) und enthält somit keine Interpretationen. Es bietet einen erläuternden Hintergrund für die Einschätzung (»… weil ich denke, dass dadurch …«).
4. Feedback erhalten bedeutet: keine Kommentierung, keine Begründung, keine Rechtfertigung, keine Diskussion – einfach sacken lassen und verarbeiten.

Erläutern wir zur Veranschaulichung die einzelnen Punkte, zunächst das Geben eines Feedbacks. Wir hatten einmal einen

Teilnehmer im Team-Coaching, der seiner Vorgesetzten ungefragt und vor versammelter Runde das Feedback »Der Fisch stinkt vom Kopf her!« gegeben hatte. Dieser Mitarbeiter war aufgrund bestimmter betrieblicher Rahmenbedingungen und Vorkommnisse sehr frustriert. Er wünschte sich von seiner Vorgesetzten mehr Unterstützung und Respekt. Seine Rückmeldung war allerdings einseitig formuliert, global gehalten, verallgemeinernd und bot keine erläuternden Hintergrundinformationen. Sie bedeutete: »Du als Führungskraft einer Organisation bist verantwortlich, wenn es Probleme gibt, und hast versagt!« und führte dazu, dass die Vorgesetzte empört war und mit dem Gedanken spielte, eine Abmahnung zu erteilen. Der Mitarbeiter erhielt also mit seiner Äußerung alles – nur nicht Unterstützung und Respekt. Die besondere Tragik dieses Vorkommnisses wurde deutlich, als wir den Mitarbeiter anleiteten, »in den Schuhen seiner Chefin zu gehen«. Plötzlich verstand er seine Chefin besser und konnte emotional nacherleben, dass sie sich ihrerseits nichts anderes wünschte, als von ihren Mitarbeiterinnen und Mitarbeitern Unterstützung zu erfahren und respektiert zu werden. Auf einer tiefer liegenden Ebene waren sich die beiden, Chefin und Mitarbeiter, absolut einig, sie wollten beide genau dasselbe! Nachdem beide das erkennen konnten, war es möglich, eine gemeinsame Lösung für die betrieblichen Probleme zu erarbeiten.

Dieses Phänomen ist uns in vielen Betrieben immer wieder begegnet: Viele Menschen haben ähnliche Vorstellungen und Wünsche – die Kommunikation und daraus resultierende Missverständnisse bewirken, dass sie es leider nicht erkennen können! Beobachten Sie Ihren Arbeitsalltag, und Sie werden zu keinem anderen Ergebnis kommen.

Nun aber zum Erhalten von Feedback: Wenn wir wiederum Rückmeldung bekommen, besteht eine große Herausforderung für uns darin, das An- und Ausgesprochene erst einmal so stehen zu lassen, ohne es zu kommentieren oder uns zu rechtfertigen. Wie gerne möchten wir begründen und diskutieren und vor allem »richtigstellen«. Das ist ein ganz natürlicher Mechanismus, der aber fatale Folgen hat. Erstens konzentrieren wir uns meistens gar nicht auf das, was der andere gerade sagt, sondern bereiten in Gedanken längst Gegenargumente vor. Auf diese Weise überhören wir Aspekte, die durchaus interessant und wichtig sein können. Zweitens vermitteln wir dem Gegenüber nicht den Eindruck, dass wir zuhören, geschweige denn verstehen.

Ein Beispiel soll das verdeutlichen: Seit vielen Jahren bin ich, Manuel Tusch, unter anderem in der Erwachsenenbildung tätig und leite in meinem Institut Workshops und Ausbildungen zu verschiedenen Themen wie »Innerbetriebliche Gesundheitsförderung« oder »Mediation – Vermittlung in Konflikten«. Die Gruppen leben vom Feedback-Geben und -Nehmen. Zu einem fortgeschrittenen Zeitpunkt der Zusammenarbeit mache ich häufig Folgendes: Ich erteile den Teilnehmenden den Arbeitsauftrag, sich einen absolut überkritischen, überzogenen und gegebenenfalls fantasiereichen Verriss der Veranstaltung zu überlegen. Ich simuliere damit eine durchaus alltägliche Situation, die uns allen hinlänglich bekannt ist: Frust abladen. Diesen Verriss höre ich mir in einer ersten Feedback-Runde an und verstoße nach allen Regeln der Kunst gegen die obigen Regeln: Ich rede dazwischen, kommentiere, rechtfertige mich, versuche zu beweisen, weshalb bestimmte Dinge aber anders gemeint waren. Meistens haben wir am Ende alle rote Köpfe und schreien uns nur noch an. Danach frage ich die Teilnehmenden, wie es ihnen geht (meistens schlecht) und inwieweit sie auf einer Skala von 1 bis 10 den Eindruck haben, ich hätte sie verstanden (meistens 3). Dann gehen wir in eine zweite Feedback-Runde und ich bemühe mich, nach allen Regeln der gewaltfreien Kommunikation aktiv zuzuhören: Ich lasse geduldig ausreden, ich nicke verständnisvoll, ich rückversichere mich: »Sie haben eben gesagt, die Pausen seien Ihnen zu kurz. Verstehe ich Sie richtig, dass Sie sich mehr Freiraum für Entspannung wünschen?« Nach dieser zweiten Runde frage ich die Teilnehmenden erneut, wie es ihnen geht (meistens gut) und inwieweit sie auf einer Skala von 1 bis 10 den Eindruck haben, ich hätte sie verstanden (meistens 8 bis 9). Sie melden häufig zurück, meine Art des Feedback-Nehmens der zweiten Runde habe ihnen den Wind aus den Segeln genommen.

Weshalb berichte ich Ihnen davon? Weil diese Übung auch für mich jedes Mal eine wundervolle Herausforderung ist. Als Psychologe begegne ich häufig Menschen, die mal mehr oder weniger zufrieden sind und das Bedürfnis haben, darüber zu sprechen. Ich möchte sie dabei ernst nehmen und respektieren. Es geht hier allerdings nicht nur darum, dass ich Ihnen Geschichten aus meinem Leben erzähle. Wir wollen vielmehr gemeinsam schauen, wie Sie unsere Erkenntnisse in Ihren Job integrieren und sich den Vorgesetztenkontakt erleichtern können: Orientieren Sie sich an der gewaltfreien Kommunikation, bleiben Sie bei sich, senden Sie Ich-Botschaften, hören Sie aktiv zu, bleiben Sie geduldig und lassen Sie den Boss ausreden, rückversichern Sie sich, ob Sie etwas richtig verstanden haben. Das ist anstrengend, sehr hart und erfordert extrem viel Selbstdisziplin. Aber wenn Sie ausdauernd zugehört haben und einfühlsam nachvollzogen haben, was der andere meint, können Sie ja immer noch Ihre ganz eigene Meinung sagen, denn die bleibt Ihnen ja trotz des Zuhörens erhalten. Und dann bitten Sie Ihr Gegenüber freundlich, genauso zuzuhören, wie Sie es eben selbst gemacht haben.

Sie werden Verblüffung ernten! Versprochen.

Wir haben Ihnen das Feedback-Thema anhand eines besonders drastischen und sensiblen Beispieles, der Mitarbeiter-Chef-Kommunikation dargestellt, um die Effekte und Besonderheiten dieser hochwirksamen Methode zu verdeutlichen. Selbstverständlich können Sie diese Vorgehensweise bei jedem anderen Gesprächspartner praktizieren, zum Beispiel mit dem Partner, der Kollegin und dem Kunden. So kommunizieren Sie fair und trotzdem – oder gerade deshalb – erfolgreich.

Und was machen Sie in ganz schweren Zeiten?

Respekt, bitte! So kommen Sie gut durch schwere Zeiten

Was, wenn es hart auf hart kommt? Wenn die Zeiten so schwer sind, dass wir die Last nicht mehr tragen können? Dann müssen wir doch gegebenenfalls das Zepter in die Hand nehmen. Wir hatten ja bereits gesehen, dass es objektiv unüberwindbare Probleme geben kann. Dann ist es nicht egal, für wen wir arbeiten; dann gilt es, die Notbremse zu ziehen.

Die Kunst beziehungsweise die Schwierigkeit besteht wie eingangs dargelegt darin, die Trennlinie zwischen »universellem Problem der Arbeitswelt« und »echtem Einzelfallproblem meines ganz konkreten Jobs« zu erkennen. Wenn die vermittelten Techniken und Übungen gar nichts verändern, wenn wir nach wie vor absolut unglücklich sind, wenn wir trotz der Mühen, die wir bisher auf uns genommen haben, keinen Ausweg mehr sehen, dann kann das ein Zeichen dafür sein, dass es sich um eine »Einzelfallproblematik« handelt. Jobwechsel und arbeitsrechtliche Schritte können entsprechende Maßnahmen sein.

Wenn sich hingegen Veränderungen, und seien es am Anfang auch nur kleine, bemerkbar machen, wenn wir Fortschritte wahrnehmen, wenn es uns schon besser geht: Dann sind wir auf dem Weg zu mehr Selbstrespekt, und unsere Mitmenschen werden uns im Gegenzug mit mehr Respekt, Anerkennung und Wertschätzung begegnen.

Und eine weitere Möglichkeit, uns die harten Zeiten zu erleichtern, wollen wir am Schluss noch illustrieren.

ÜBUNG 13

Respekt erbitten

Ziehen Sie sich für einen Moment aus dem Alltagsgeschehen zurück und nehmen Sie etwas zu schreiben zur Hand. Gehen Sie in ein kleines Brainstorming zum Thema Respekt. Brainstorming bedeutet, dass Sie zunächst einmal alles, was Ihnen zum Thema einfällt, aufschreiben. Egal, ob es unrealistisch, blöd oder Quatsch ist! Erst im zweiten Schritt wählen Sie aus, was von dem Aufgeschriebenen Sie in die engere Wahl nehmen möchten. Lassen Sie Ihren Gedanken und Spinnereien freien Lauf und notieren Sie die Antworten auf zum Beispiel folgende Fragen:

- Wie definiere ich Respekt?
- Was bedeutet für mich Respekt?
- Woran merke ich, dass mich andere respektieren?
- Wie kann ich anderen Respekt zeigen?

Wenn Sie eine ganze Liste voller Antworten haben, dann gehen Sie den zweiten Schritt und wählen Sie aus. Behalten Sie das, was Ihnen gefällt und hilfreich erscheint. Beginnen Sie dann, Ihre verbleibenden Antworten zu konkretisieren. Schreiben Sie auf, ganz konkret, wie Sie wünschen, dass Ihnen Ihre Mitmenschen, Kolleginnen, Partner und Vorgesetzten begegnen.

Das ist ein wichtiger Schritt, denn viele Menschen sind zwar unzufrieden mit ihrer bisherigen Situation, wissen leider aber auch nicht, was genau sie denn gerne anders hätten. Damit sind natürlich die anderen völlig überfordert, die sogar bereit sind, an einer Veränderung mitzuarbeiten. In Coachings und Mediationen erleben wir immer wieder, dass viele zwar nach vielen Schritten des gegenseitigen Verstehens gemeinsam neue Lösungen und Wege erarbeiten wollen, sie aber leider gar nicht wissen, was sie wirklich möchten. Das hat meistens damit zu tun, dass wir Menschen im Leben eher selten danach gefragt werden, was wir uns wünschen, sondern häufiger hören, was wir zu tun und zu lassen haben.

Die Konkretisierung ist wichtig für das (berufliche) Miteinander, denn unsere Wünsche sind gleichzeitig immer Bitten. Und der Begriff »Respekt« ist so allgemein und abstrakt, dass jeder Mensch darunter etwas anderes versteht. So kann es passieren, dass selbst dann Missverständnisse und Probleme auftreten, wenn beide Seiten sich bestens bemühen. Denn der eine versteht unter Respekt einen morgendlichen Austausch über das vergangene Wochenende und die andere die morgendliche Stille genießen und einen Austausch erst beim Mittagessen. Beide wollen abstrakt Respekt, beide geben sich große Mühe, jeder hat jedoch ein anderes konkretes Verständnis und demnach Verhalten – und es kracht! Das raubt Energie und ist völlig unnötig.

Konkretisieren Sie also Ihre Vorstellungen von Respekt, zum Beispiel: Tür aufhalten, beim Tragen von Akten helfen, Kaffee aus der Kantine mitbringen, Telefonbereitschaft übernehmen. Und bereiten Sie damit Ihren Wunsch, Ihre Bitte vor. Das ist die halbe Miete. Und jetzt kommt nur noch eine Kleinigkeit, die uns das Bitten erleichtert. Wir sind es nämlich nicht so recht gewohnt, zu bitten, da wir im Sinne der Konditionierung häufig die Erfahrung gemacht haben, dass unsere Bitten abgelehnt werden. Dabei muss die Ablehnung nicht einmal böse gemeint gewesen sein. Die meisten Menschen lehnen etwas ab, weil sie die Hintergründe nicht verstehen. Wenn wir mit unserem Bedürfnis begründen, wie unser Wunsch zustande kommt, dann fällt es unseren Mitmenschen deutlich leichter, diesen Wunsch zu respektieren.

Einer letzten Prüfung können Sie sich selbst unterziehen: Handelt es sich bei dem, was Sie sich wünschen, um eine *echte Bitte* oder um eine *versteckte Forderung*? Eine echte Bitte können wir daran erkennen, dass wir sie zwar gerne erfüllt bekämen, aber auch ohne die Erfüllung leben könnten. Fragen Sie sich: »Was passiert, wenn die Bitte abgelehnt wird?« Wenn Sie glauben, von der Reaktion Ihres Gegenübers abhängig zu sein, handelt es sich eher um eine *Pseudo-Bitte*, also um eine als Bitte verkleidete Forderung.

Nur wenn mein Gegenüber die echte Freiheit hat, meine Bitte zu erfüllen, dann ist es eine Bitte. Und nur dann kann ich wiederum die Erfüllung annehmen! Wir können übrigens unseren Mitmenschen signalisieren, dass es sich um echte Bitten handelt, indem wir hinzufügen: »…, wenn es für dich in Ordnung ist.« Auch das Bitten ist eine Wissenschaft für sich, die viel Sorgfalt und Übung braucht. Die Mühe lohnt sich allemal, denn unser einziges Ziel besteht darin, uns das Leben und den Job so weit wie möglich zu erleichtern!

Und jetzt bitten wir Sie höflich, mit uns gemeinsam in den letzten Abschnitt zu gehen – wenn das für Sie okay ist.

Ihr Job ist Ihr Job ist Ihr Job!

Ein Job ist ein Job ist ein Job …

… und es war (und ist es in Teilen sicherlich immer noch) ein hartes Stück Arbeit und eine reife Leistung, den Job, den wir haben, zu dem Job zu machen, den wir mögen, den wir wollen, der uns passt!

An dieser Stelle möchten wir Ihnen, liebe Leserin und lieber Leser, ganz herzlich danken: für Ihre Aufmerksamkeit, für Ihre Bereitschaft, uns zuzuhören, sich auf Neues einzulassen, etwas auszuprobieren. Auf unserem weiten und mit Selbsterkenntnis gepflasterten Weg vom Hamsterrad zum Engelskreis sind wir gemeinsam durch Höhen und Tiefen gegangen. Wir haben gesehen, dass es beim Tanz um das goldene Kalb darum geht, alle unsere Motive zu berücksichtigen und zu respektieren, sonst werden wir unserer inneren Vielfalt nicht gerecht und gehen vor die Hunde. Wir haben uns mit der Flucht vor uns selbst konfrontiert und unsere Grundmuster analysiert. Wir haben dem ungerechten Leben ins Angesicht geschaut und versucht, Auswege aus der ewigen Gedankenspirale zu finden. Wir haben die Psychohygiene als notwendige Maßnahme kennengelernt, um unsere seelische Gesundheit zu schaffen und aufrechtzuerhalten. Wir haben Möglichkeiten gefunden, das Unterbewusstsein als Gegenspieler von Veränderung gnädig zu stimmen: Die Kraft und die Macht unserer eigenen Gedanken wurde uns überdeutlich. Wir haben intensiv gearbeitet: an unserer Kommunikation, am Miteinander mit den Kollegen und den Vorgesetzten. Die wichtigste Erkenntnis lautet: Nur wenn wir absolut mit uns selbst im Reinen sind, werden wir unverletzbar. Dann können wir fair und gewaltfrei mit den anderen umgehen. Wir legen ein einheitliches Maß an und können unseren Mitmenschen wertschätzend begegnen. Und den gleichen Respekt auch uns gegenüber erbitten.

Und mit so viel Respekt vor uns selbst können wir guten Gewissens und frohen Mutes sagen: »Der Job, den ich habe, passt mir – mein Job ist mein Job!«

Unser Buch hat Ihnen gefallen?

Sie möchten die Kraft der Frustjobkillermethode weiter nutzen? Sie möchten selbst aktiv werden? Dann haben Sie drei Möglichkeiten:

1. Erleben Sie Kitz & Tusch live – auf ihrer internationalen Tournee mit der »Frustjobkillershow«. Lassen Sie sich anstecken von einer ganz besonderen Stimmung und kommen Sie mit den Autoren persönlich ins Gespräch. Termine unter www.kitz-tusch.com/de/termine.

2. Holen Sie Kitz & Tusch in Ihr Unternehmen! Ob Vortrag, Workshop oder Coaching – Kitz & Tusch killen Mitarbeiter-Frust und coachen Führungskräfte ganz individuell. Infos unter www.kitz-tusch.com/de/inhouse.

3. Werden Sie Buchkritiker! Stellen Sie »Das Frustjobkillerbuch« anderen Menschen in Ihrem Wohnort vor – bei sich zu Hause, in der örtlichen Bibliothek, in einer Buchhandlung. Der Heyne Verlag unterstützt Sie dabei (siehe Anzeige auf der nächsten Seite).

Nachwort

Liebe Leserin, lieber Leser!

Durch die Arbeit an Ihnen selbst und durch einen veränderten Umgang mit Ihren Mitmenschen hat sich bei Ihnen, an Ihrer Situation, im menschlichen Miteinander einiges geändert.

Wir wüssten gerne von Ihnen:

Wie hat Ihnen unser Buch gefallen? Was konnten Sie mit den Inhalten anfangen? Welche Themen hätten Sie sich noch gewünscht? Was haben unsere Übungen bei Ihnen bewirkt? Wie hat sich Ihr beruflicher Alltag verändert? Wie hat sich Ihr zwischenmenschliches Miteinander entwickelt? Wie geht es Ihnen jetzt? Möchten Sie uns sonst noch etwas mitteilen?

Schreiben Sie uns Ihre Erfahrungen – wir freuen uns über Ihre Rückmeldung. Vielen Dank!

Dr. Volker Kitz
mail@volkerkitz.com
www.volkerkitz.com

Dr. Manuel Tusch
mail@manueltusch.de
www.manueltusch.de
www.ifap-koeln.de

Ausgewählte Literatur

Averett, Susan / Korenman, Sanders, »The Economic Reality of the Beauty Myth«, *Journal of Human Resources*, Band 31, 1996

Bovensiepen, Nina / Fahrenholz, Peter, »Das ist schon ein Sprung ins kalte Wasser«, Interview mit fünf jungen Bundestagsabgeordneten, *Süddeutsche Zeitung*, 9. Dezember 2007

Brinkmann, Ralf D. / Stapf, Kurt H., *Innere Kündigung. Wenn der Job zur Fassade wird*, München 2005

Conen, Horst, *Schenk dir selbst ein neues Leben. Die Kunst, sich immer wieder neu zu erfinden*, Frankfurt 2007

Deutscher Gewerkschaftsbund / TNS Infratest, *DGB-Index Gute Arbeit 2009 – Der Report*, Berlin 2009

Dyer, Wayne W., *Der wunde Punkt. Die Kunst, nicht unglücklich zu sein*, Reinbek 1983

Eckert, Thomas / Huber, Joachim, »Wir berichten live über das Ende der Welt«, Interview mit Carola Ferstl und Manfred Bleskin, *Der Tagesspiegel*, 28. November 2007

Elger, Christian / Falk, Armin et al., »Social Comparison Affects Reward-Related Brain Activity in the Human Ventral Striatum«, *Science*, Band 318, 2007

Festinger, Leon, *Theorie der kognitiven Dissonanz*, Bern 1978

Friebe, Holm / Lobo, Sascha, *Wir nennen es Arbeit. Die digitale Boheme oder: Intelligentes Leben jenseits der Festanstellung*, München 2006

Frigelj, Kristian, »Wer wird Millionär?«, Interview mit Prof. Dr. Matthias Grundmann, *DIE WELT*, 18. Dezember 2007

Gallup Organization, *Engagement-Index 2009*, Potsdam 2010

Glasl, Friedrich, *Konfliktmanagement. Ein Handbuch für Führungskräfte, Beraterinnen und Berater*, Stuttgart 2004

Haas, Sibylle, »Land der schlechten Chefs«, *Süddeutsche Zeitung*, 11. September 2007

Hamermesh, Daniel S. / Biddle, Jeff E., »Beauty and the Labor Market«, *American Economic Review*, Band 84, 1994

Haß, Frauke, »Eliten möchte ich nicht fördern«, Interview mit Peter Ferres, *Frankfurter Rundschau*, 24. August 2007

Dr. Dr. Heissmann Unternehmensberatung et al., *Welche Spuren hat die Krise hinterlassen?*, Wiesbaden 2004

Hildebrandt, Tina / Wefing, Heinrich, »Was tun, wenn's brennt?«, Gespräch zwischen Michael Kumpfmüller und Wolfgang Schäuble, *ZEITmagazin LEBEN*, 28. Februar 2008

Hofert, Svenja, *Jeder gegen jeden. Der neue Klassenkampf in den Unternehmen*, Heidelberg 2006

Hoover, John, *Chefs und andere Idioten. Wie man im Job überlebt, ohne seinen Boss zu ermorden*, Heidelberg 2005

Hussy, Walter, *Denken und Problemlösen*, Stuttgart 1998

Initiative Neue Qualität der Arbeit, *Was ist gute Arbeit? Anforderungen aus der Sicht von Erwerbstätigen*, Dortmund 2006

Kelly Services, *Kelly Global Work Force Index*, Hamburg 2010

Klesse, Anne, »Ausstieg auf Zeit – Sabbat im Job« (mit Gewis-Studie), *Hamburger Abendblatt*, 14. April 2007

Kolodiejchuk, Brian (Hrsg.), *Komm, sei du mein Licht! Die geheimen Aufzeichnungen der Heiligen von Kalkutta*, München 2007

Kopp-Wichmann, Roland, »Warum es so verdammt schwer ist, sich zu verändern«, *Psychologie Heute*, Dezember 2007

Layard, Richard, *Die glückliche Gesellschaft. Kurswechsel für Politik und Wirtschaft*, Frankfurt 2005

Maier, Corinne, *Die Entdeckung der Faulheit. Von der Kunst, bei der Arbeit möglichst wenig zu tun*, München 2005

Marburger Bund / IQME, *Analyse der beruflichen Situation der angestellten und beamteten Ärzte in Deutschland*, Landau 2007

Mark, Gloria / Gonzalez, Victor M. / Harris, Justin, *No Task Left Behind? Examining the Nature of Fragmented Work*, Proceedings of CHI (Conference on Human Factors in Computing Systems), April 2–7, 2005, Portland, Oregon, USA

Minkmar, Nils, »Und, wann haben Sie Ihre erste Milliarde?« (mit Zitaten von Prof. Dr. Thomas Druyen), *Frankfurter Allgemeine Sonntagszeitung*, 5. August 2007

Münk, Katharina, *Und morgen bringe ich ihn um! Als Chefsekretärin im Top-Management*, Frankfurt 2006

New Economics Foundation, *The Happy Planet Index*, London 2006

Ogger, Günter, *Nieten in Nadelstreifen. Deutschlands Manager im Zwielicht*, München 1992

Rathgeb, Eberhard, »Digitale Bohème – Sie nennen es Arbeit«, *Frankfurter Allgemeine Zeitung*, 8. Dezember 2006

Reinker, Susanne, *Rache am Chef. Die unterschätzte Macht der Mitarbeiter*, Berlin 2007

Reinsch, Michael, »Normale Dinge erfreuen mich nicht mehr«, Interview mit Sven Hannawald, *Frankfurter Allgemeine Sonntagszeitung*, 30. Dezember 2007

Rosenberg, Marshall B., *Gewaltfreie Kommunikation*, Paderborn 2007

Schawinski, Roger, *Die TV-Falle. Vom Sendungsbewusstsein zum Fernsehgeschäft*, Zürich 2007

Schmitt, Peter-Philipp, »Wozu hast du eigentlich Medizin studiert?«, Interview mit Dr. med. Frank Grüner, *Frankfurter Allgemeine Zeitung*, 9./10. Februar 2008

Schönberger, Margit, *Wer Kollegen hat, braucht keine Feinde mehr. Überlebenstraining fürs Büro*, München 2006

Schönberger, Margit, *Mein Chef ist ein Arschloch, Ihrer auch? Ein Überlebenstraining*, München 2001
Sher, Barbara / Smith, Barbara, *Ich könnte alles tun, wenn ich nur wüsste, was ich will*, München 2005
Sher, Barbara, *Du musst dich nicht entscheiden, wenn du tausend Träume hast*, München 2008
TNS Opinion / Europäische Kommission, *Eurobarometer 66.3*, London, März 2007
Tomkins, Silvan, *Affect, Imagery, Consciousness: The Positive Affects*, New York 1962
Vieth-Entus, Susanne, »Immer mehr Lehrer auf Dauer krank«, *Der Tagesspiegel*, 12. November 2007
von Bebenburg, Pitt, »*Vermögensteuer würde teuer*«, Interview mit Roland Koch, *Frankfurter Rundschau*, 12. Dezember 2007
Wahrenburg, Mark / Weldi, Martin, *Return on Investment in Higher Education – Evidence for Different Subjects, Degrees and Gender in Germany*, Frankfurt 2007
»Wirtschaft verteidigt hohe Managergehälter« (mit Zitaten von Herbert Hainer), *Netzeitung*, 4. Dezember 2007
»Deutsche klagen über Multitasking« (mit Ergebnissen der Erwerbstätigenbefragung), *Financial Times*, 18. September 2007
»So richtig frei ist anders«, *iwd* Nr. 49, 6. Dezember 2007

Register